U0262007

中/青/文/库

本书得到中国青年政治学院出版基金资助

三维人脸建模方法研究与应用

盖　赟◎著

中国社会科学出版社

图书在版编目(CIP)数据

三维人脸建模方法研究与应用/盖赟著.—北京：中国社会科学出版社，2015.5

ISBN 978-7-5161-6028-2

Ⅰ.①三… Ⅱ.①盖… Ⅲ.①面—识别系统—系统建模—研究 Ⅳ.①TP391.4

中国版本图书馆CIP数据核字(2015)第085563号

出 版 人　赵剑英
责任编辑　李炳青
责任校对　邓雨婷
责任印制　李寡寡

出　　版　中国社会科学出版社
社　　址　北京鼓楼西大街甲158号
邮　　编　100720
网　　址　http://www.csspw.cn
发 行 部　010-84083685
门 市 部　010-84029450
经　　销　新华书店及其他书店

印刷装订　北京金瀑印刷有限责任公司
版　　次　2015年5月第1版
印　　次　2015年5月第1次印刷

开　　本　710×1000　1/16
印　　张　10.25
插　　页　2
字　　数　202千字
定　　价　39.00元

凡购买中国社会科学出版社图书，如有质量问题请与本社营销中心联系调换
电话:010-84083683

《中青文库》编辑说明

中国青年政治学院是在中央团校基础上于1985年12月成立的，是共青团中央直属的唯一一所普通高等学校，由教育部和共青团中央共建。中国青年政治学院成立以来，坚持“质量立校、特色兴校”的办学思想，艰苦奋斗、开拓创新，教育质量和办学水平不断提高。学校是教育部批准的国家大学生文化素质教育基地，中华全国青年联合会和国际劳工组织命名的大学生KAB创业教育基地。学校与中央编译局共建青年政治人才培养研究基地，与北京市共建社会工作人才发展研究院和青少年生命教育基地。

目前，学校已建立起包括本科教育、研究生教育、留学生教育、继续教育和团干部培训等在内的多形式、多层次的教育格局。设有中国马克思主义学院、青少年工作系、社会工作学院、法律系、经济系、新闻与传播系、公共管理系、中国语言文学系、外国语言文学系等9个教学院系，文化基础部、外语教学研究中心、计算机教学与应用中心、体育教学中心等4个教学中心（部），轮训部、继续教育学院、国际教育交流学院等3个教学培训机构。

学校现有专业以人文社会科学为主，涵盖哲学、经济学、法学、文学、管理学5个学科门类。学校设有思想政治教育、法学、社会工作、劳动与社会保障、社会学、经济学、财务管理、国际经济与贸易、新闻学、广播电视学、政治学与行政学、汉语言文学和英语等13个学士学位专业，其中社会工作、思想政治教育、法学、政治学与行政学为教育部特色专业。目前，学校拥有哲学、马克思主义理论、法学、社会学、新闻传播学和应用经济学等6个一级学科硕士授权点和1个专业硕士学位点，同时设有青少年研究院、中国马克思主义研究中心、中国志愿服务信息资料研究中心、大学生发展研究中心、大学生素质拓展研究中心等科研机构。

在学校的跨越式发展中，科研工作一直作为体现学校质量和特色的重要内容而被予以高度重视。2002 年，学校制定了教师学术著作出版基金资助条例，旨在鼓励教师的个性化研究与著述，更期之以兼具人文精神与思想智慧的精品的涌现。出版基金创设之初，有学术丛书和学术译丛两个系列，意在开掘本校资源与移译域外菁华。随着年轻教师的剧增和学校科研支持力度的加大，2007 年又增设了博士论文文库系列，用以鼓励新人，成就学术。三个系列共同构成了对教师学术研究成果的多层次支持体系。

十几年来，学校共资助教师出版学术著作百余部，内容涉及哲学、政治学、法学、社会学、经济学、文学艺术、历史学、管理学、新闻与传播等学科。学校资助出版的初具规模，激励了教师的科研热情，活跃了校内的学术气氛，也获得了很好的社会影响。在特色化办学愈益成为当下各高校发展之路的共识中，2010 年，校学术委员会将遴选出的一批学术著作，辑为《中青文库》，予以资助出版。《中青文库》第一批（15 本）、第二批（6 本）、第三批（6 本）出版后，有效展示了学校的科研水平和实力，在学术界和社会上产生了很好的反响。本辑作为第四批共推出 12 本著作，并希冀通过这项工作的陆续展开而更加突出学校特色，形成自身的学术风格与学术品牌。

在《中青文库》的编辑、审校过程中，中国社会科学出版社的编辑人员认真负责，用力颇勤，在此一并予以感谢！

前　言

人脸是人们日常生活中信息交流和情感表达最重要的载体。通过人脸，我们不仅可以获取一个人的身份、种族信息，还可以获取对方当前的情感状态。随着计算机视觉技术的不断发展，人们对自然、便捷的人机交互技术的要求不断提高，真实感三维人脸建模技术作为人机交互技术中最重要的组成部分自然成为研究的热点。目前，三维人脸建模技术已经取得了长足的发展，并被广泛地应用于影视动画、游戏娱乐、人机交互、医疗技术、辅助教学等诸多领域。

传统的三维人脸建模方法在模型的建立效果和建模过程的自动化等方面还存在着很大的不足。基于形变模型的三维人脸建模方法是目前建模效果最好的方法之一，该方法是基于统计学习理论建立的。与其他的建模方法相比，该方法在建模效果、建模过程的自动化程度等方面都有比较好的表现。本书的研究工作围绕基于形变模型的三维人脸建模方法展开，针对形变模型方法存在的不足和问题进行了深入探讨和研究，并以此为基础讨论了三维人脸样本在人脸动画方面的研究。本书的研究内容主要包括以下几个方面。

1. 基于组合模型匹配的样本规格化

规格化三维人脸样本集是建立形变模型的关键前提。由于建库目的和采集方法的不同，不同数据库中的三维人脸样本在拓扑结构、数据形式、信息含量上有着很大的差异。为了能够在不同人脸样本之间实施线性运算，需要对初始三维人脸样本进行规格化处理，使得这些样本具有相同的拓扑结构和点面信息，并可以使用统一的向量形式进行表示。本书在深入分析三维人脸样本结构特性的基础之上提出了基于组合模型匹配的三维人脸样本规格化方法。该方法首先基于规格化样本集建立三维人脸组合模型，然后通过将组合模型与目标样本进行匹配的方式实现样本规格化。由于组合模型是建立在规格化样本集上的统计模型，所以基于组合模型匹配得到的规格化样本不仅可以满足几何的约束，还可以满足人脸的合理性约束。

2. 基于遗传算法的三维人脸样本扩充

三维人脸样本是三维人脸研究进行算法设计、模型训练以及性能比较所不可缺少的数据资源。由于受采集设备和条件的限制，目前的三维人脸数据库的数据规模都很小，样本的覆盖范围相对不足。为了解决这个问题，本书提出了一种基于已有的三维人脸样本集，通过遗传算法进行样本扩充的方法。该方法的基本思想是将三维人脸样本看作由有限固定器官组成的对象，利用遗传算法可以引导搜索进行的特点，通过选择、交叉、变异等操作将各样本的不同器官重新组合在一起来产生新的三维人脸样本。使用该方法不但可以产生大量的三维人脸样本，还可以增大样本集所涵盖的变化范围，大大增强现有样本集的可用性。

3. 基于典型相关性分析的三维人脸建模

形变模型的假设前提是人脸空间是一个线性子空间，然而研究表明人脸是嵌套在高维空间当中的一个非线性流形。基于形变模型的建模方法必定会忽略人脸的某些细节特征，从而使得该方法难以得到更好的建模效果。为了进一步提高该方法的建模精度，本书提出了一种非线性三维人脸建模方法。该方法的基本思想是使用分段线性的方法来解决形变模型的线性假设前提和人脸的非线性特性之间的矛盾。该方法以典型相关性分析方法为基础，通过计算二维人脸图像与三维人脸样本之间的相关性来计算二者之间的距离，并以此为基础得到与输入图像相关的三维人脸样本集。在进行三维人脸建模时，首先基于这组样本集建立形变模型，并通过将形变模型与输入图像进行匹配的方式得到三维人脸建模结果。由于该模型是建立在与输入图像相关的三维人脸样本集之上，因此使用该模型可以对输入图像进行更好的表示。所以基于典型相关性分析的三维人脸建模方法可以进一步提高形变模型方法的建模精度。

4. 基于粒子群优化算法的模型匹配

基于形变模型的三维人脸建模过程就是形变模型的匹配过程。由于在匹配求解过程中涉及形状、纹理、摄像机和光照等一系列参数的求解，所以形变模型的匹配问题是一个大规模、多参数的优化问题。对该问题进行优化求解时，会遇到计算复杂度高、计算时间长和容易陷入局部极值点等问题。粒子群优化算法是一种基于群体智能的随机优化算法，该算法具有高度并行、易于实现等特点。本书在深入分析形变模型匹配特点的基础上，提出了基于粒子群优化算法的多层次模型匹配算法，进一步提高了模型匹配的速度和效率。由于粒子群优化算法是一种有信息反馈的随机优化算法，该方法对模型匹配问题具有很高的鲁棒性且对初值不敏感，因此使用本书提出的模型匹配算法可以极大地提高形变模型的匹配速度和匹配精度。

5. 三维人脸动画研究

MPEG－4 是一个真正地把视频和声音以及计算机三维图形和图像结合在一起的多媒体标准。该标准的提出，进一步拓宽了虚拟人脸的应用，使得即使在低带宽的网络上也可以实现高质量的人脸动画。为了实现基于在 MPEG－4 人脸建模的自动化，避免不必要的重复劳动，讨论了基于三维重建人脸的特定化方法。首先利用基于重采样的三维可变形组合模型（形变模型）三维重建该特定人脸模型，然后利用这个特定人脸模型将中性的通用网格模型特定化，有了这种对应，可以将稠密网格简化为适用于模型基编码的稀疏网格，任何特定人只要有一张二维纹理图片，就可以通过三维可变形组合模型完成面向 MPEG－4 的人脸建模。

6. 三维人脸识别研究

与二维数据相比，三维数据包含了人脸的空间信息，是人脸本身固有的信息，对外界条件的变化具有很好的鲁棒性。文本基于三维人脸特征讨论几种三维人脸识别研究方法，包括基于几何特征的三维人脸识别、基于局部二值模式的三维人脸识别、基于稀疏表示的三维人脸识别和基于三维模型的人脸识别。

书中讨论的内容以笔者读书期间的工作为基础，由于时间仓促、本书水平有限，书中难免有不足和疏忽之处，恳请各位专家和广大读者批评指正。

盖赟
2014 年 4 月 24 日
北京

目　　录

第一章　绪论

人的头部和面部具有很多的重要的感知器官，包括大脑、眼睛、鼻子、耳朵、嘴。有关头部和脸部变化的人类学研究已经不再新鲜，传统的人类学家使用可数维度来描述形状，并提供了各项异性变化和脸部变化的丈量方式。然而人工度量的方式具有很多不足之处，比如耗时，低可靠度等。更为重要的是可数维度的描述并不能满足当前产品设计的实际需求，如人头部和面部具备更复杂的几何结构。

在计算机技术高速发展的今天，三维人脸建模技术[1,2]已经成为计算机图形学、计算机视觉和人机交互领域的热点研究课题。越来越多的学者投入该课题的研究当中，大量创造性的工作使得三维人脸建模技术得以迅猛发展。目前三维人脸建模技术已经广泛应用于影视动画、游戏娱乐、人机交互、医疗技术、辅助教学等诸多领域。基于形变模型（Morphable Model）的三维人脸建模是目前最受关注的建模方法，该方法以建模效果好、自动化程度高等特点而闻名。本书以形变模型建模方法为基础，针对形变模型方法中存在的一些问题展开了深入的探讨和研究，将进一步完善该建模方法作为主要研究内容。

第一节　研究背景及意义

作为身份特征信息和情感特征的最重要载体，人脸在日常生活的信息交流、情感表达过程中起着非常重要的作用。根据人脸的表观特征，我们不但可以获取对方的身份信息，还可以通过脸部的特征变化情况来推测对方的身份、情绪、状态等信息。研究表明，在日常生活的交流当中，超过 50% 的信息是通过人脸来传递的。[3]

由于人脸在信息交流当中所发挥的巨大作用，使得人们对于人脸的描述和刻画产生了极大的兴趣。早期人脸的表示方式大都采用艺术领域的手段来实现。基于这种方式描述的人脸具有高度的真实感和准确的情感表达效果。随着科学技术的不断发展，使用摄像机、照相机等设备记录人脸的方式逐渐走进了人们的视野。人们可以基于这些设备获得真实感更高的人脸图像并对它们进行复杂的处理。在计算机技术迅速发展的今天，使用计算机技术对人脸进行表示成为刻画人脸的最新途径。越来越多的学者和机构投入到这项工作的研究当中，他们尝试使用各种方法实现基于计算机的人脸表示，其中最主流的方向是使用计算机构建人脸的三维模型。

然而建立真实感强的三维人脸模型却是一项非常困难的工作。这是因为人脸具有复杂的层次结构、几何结构和光照特性。人脸的层次结构包括骨骼层、肌肉层、结缔组织层和表皮层。人脸的几何结构包括鼻子、眼睛、耳朵、嘴、头发等。人脸的表观特征和情感状态是在这些部分的共同作用下得以体现和完成的。然而这些组件在不同的人脸上存在着较大的差异，并且无法用统一的模型进行表示。例如头发有卷发和直发之分，脸型有方脸、圆脸、瓜子脸之分，眼睛有单眼皮和双眼皮之分。由于基因和生长环境的不同，不同的人脸的皮肤颜色、皮肤结构和皮肤反射率都各不相同。目前还没有比较可行的方法可以准确地测量和表示人脸的光照特性。所有这些因素使得构建真实感强的三维人脸模型成为一项既复杂又具有挑战性的课题。该课题的解决需要生理学、心理学、物理学等多个学科的共同努力。有效地解决该课题可以极大地促进对相关领域的研究。

除了具有重要的科学研究意义，三维人脸建模技术还具有广阔的实际应用价值。目前该技术已经广泛应用于影视动画、游戏娱乐、人机交互、医疗技术、辅助教学等诸多领域。

- 影视动画

使用计算机构建人物形象已经成为当前影视作品创作的重要手段。很多精彩的影视作品就是在这项技术的辅助下完成的，作品中鲜活亮丽的人物形象给人们留下了深刻的印象。这些作品主要有20世纪的《魔戒》《玩具总动员》《夺面双雄》和时下流行的《阿凡达》《绿巨人》《飞屋环球记》等一系列作品。其中，给人留下印象最为深刻的要数电影《阿凡达》当中Navi族的人物形象（图1-1）。

图1－1　《阿凡达》中的 Navi 形象

• 游戏娱乐

随着计算机视觉技术的发展，二维形式的计算机游戏已经逐渐淡出了人们的视野，三维计算机游戏渐渐成为游戏发展的主流方向。三维虚拟人物是游戏中不可缺少的元素，高度真实感的人物形象能给人带来身临其境的感受。最具有代表性的游戏是《使命召唤5》，该游戏对人物的刻画惟妙惟肖（图1－2）。

图1－2　《使命召唤》中的人物形象人机交互

人机交互技术是增强软件易用性的一项重要技术，目前的人机交互技术已经向人性化、自然式交互的方向发展。人脸作为信息传递的最有效载体自然成为人机交互技术研究的重要对象。[3-8]基于人脸的交互技术极大地拓展了新一代交互技术的适用范围，并增强了人际交互技术的可用性。虽然这类交互方式还在很多方面存在着不足，但这些不足一定会在学者的努力下得以解决。

• 医疗技术

使用计算机构建三维人脸模型为颅骨手术和人脸外科整容手术提供参考和模拟，是当前医学研究最为流行的方法。通过构建患者的三维人脸模型，医学工作者不单可以对人脸的结构进行可视化分析，还可以对治疗方案和治疗过程做出更为准确的判断，从而大大提高对相关病变的治愈率。除此之外，三维人脸建模技术还广泛应用于美容整形领域。通过对整容后的效果进行模拟，患者和医生可以对最终治疗方法达成最大的一致。

• 辅助教学

随着网络技术的发展，基于网络学习的授课模式逐渐成为当前教育教学的新方法，然而普通的网络教学方式由于缺少师生互动，使得教学效果常常难如人意。目前的三维人脸建模技术已经可以用于教师模型的构建和唇部动画的仿真。在进行远程教育教学中，虚拟老师形象的出现会大大提高学生的学习积极性和学习效率，并且使用仿真技术进行唇部运动模拟可以使学生对发声方法和发声要领有更准确地把握。

总之，无论从研究意义方面看，还是从应用前景方面看，三维人脸建模技术都值得深入而翔实地研究下去。

第二节 研究现状

三维人脸建模技术起源于20世纪70年代。Parke是第一个使用计算机方法来表示人脸的学者。[4-8]自此之后许多研究者先后投入到该课题的研究当中，并做出了大量创造性的工作。经过近几十年的发展，三维人脸建模技术已经在真实感、自动化方面有了长足的进步。按照人脸建模知识来源的不同，目前的三维人脸建模方法大致可分为以下两类：基于经验知识的三维人脸建模和基于样本学习的三维人脸建模。基于主观经验的三维人脸建模方法首先根据经验知识构建一个标准的三维人脸模型，然后通过模型变形、纹理映射等方式来构建特定人的三维人脸模型。基于这类方法得到的模型完全取决于建模者的知识和水平。为了克服这类方法在人脸知识方面的不足，基于样本学习的三维人脸建模方法应运而生，这类方法以大量的三维人脸样本为基础，通过统计学习的方法构建三维人脸表示模型。使用这类方法得到的三维人脸模型无论是在模型的真实感，还是在建模过程的自动化等方面都要优于前者。

一 基于经验知识的三维人脸建模

（一）基于参数模型的三维人脸建模

基于参数模型的三维人脸建模方法是最早出现的三维人脸建模方法，该方法使用一个多边形的集合来描述三维人脸模型，并通过定义一组参数来控制人脸的面部特征和表情变化（图 1－3）。这组参数通常由面部特征参数和表情变化参数构成。面部特征参数用于描述面部的几何特征，如人脸的形状、尺寸以及五官的形状和大小。使用不同的面部特征参数可以生成不同的三维人脸模型。表情参数用于描述面部表情的变化，如眨眼、皱眉、微笑等动作。发生在面部的各种表情变化就是通过调整表情参数实现的。早期的研究者大多采用这种方法来构建三维人脸模型。

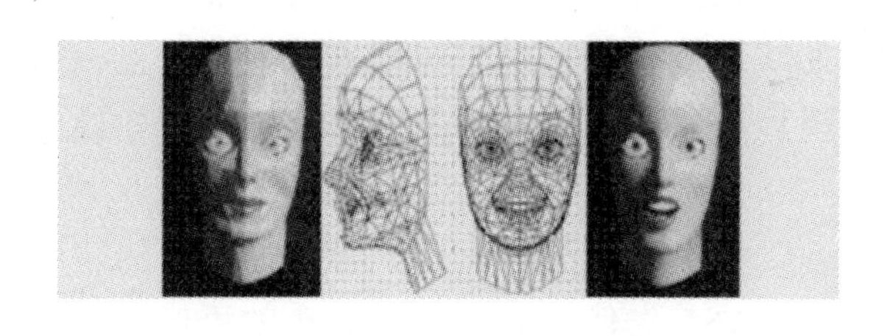

图 1－3 Parke 的人脸模型

基于参数模型的三维人脸建模方法为人脸的表示、控制和描述提供了一种全新的思路。自 Parke 之后，人们对原有的人脸参数模型进行了多方面的改进，并提出了多种改进后的人脸参数模型。然而使用这些方法构建三维人脸模型时，仍需要首先设计出人脸模型在计算机中的存储方式和表现形式。然后手动调节模型的尺度、形状、面部特征、表情等一系列的参数。表面上使用参数模型方法建立三维人脸模型是一种计算机方法，实际上却需要研究人员进行全程的手工参与，因此模型的建立效果与制作者的水平有着密切的联系。并且，定义完备的参数集也是一件非常困难的事情，这使得构建完善的人脸模型和表情控制参数非常不方便。因此，基于参数模型的三维人脸建模方法还需要在参数的定义方式和参数的控制方式等方面做出深入的研究。

（二）基于图像的三维人脸建模

由于参数模型建模方法的建模过程非常复杂，建模效果也很难尽如人意。因此90年代以后，基于图像的三维人脸建模方法成为三维人脸建模的热门研究方向。该方法首先使用手工的方式建立一个标准的三维人脸模型，然后从多张或单张人脸图像中提取面部特征，即使用人脸检测或手工标定的方式在图像中标定人脸特征点位置，并计算出这些特征点在三维人脸模型上的对应位置。最后根据特征点的对应关系对三维人脸模型进行变形和纹理映射，从而建立相应的三维人脸模型。目前，基于图像的三维人脸建模方法可以分为两大类：基于多幅图像的三维人脸建模与基于单幅图像的三维人脸建模。

基于多幅图像的三维人脸建模方法首先需要获取目标对象在不同视点下的图像，然后在这些图像中计算出面部的特征点位置，如眼角、鼻尖和嘴角等处的位置，并根据这些特征点建立图像与模型之间的对应关系。最后根据特征点的对应关系对标准三维人脸模型进行变形，并将人脸的纹理信息映射到该三维人脸模型之上，从而生成该对象的三维人脸模型。目前基于多幅图像的三维人脸建模主要有以下一些工作。[9-23]

F. Pighin[9-10]使用五个不同视点下的人脸图像构建特定人脸的三维人脸模型。该方法首先使用五台均匀分布的摄像机来获取目标在同一时刻、不同视点下的图像，并在这些图像当中对面部的关键特征位置进行标注，如眼角、鼻尖、嘴角等特征位置。然后根据这些特征位置的对应关系计算出它们在空间中的位置和摄像机参数。最后根据特征点的空间位置对标准三维人脸模型进行变形，并将图像中的纹理信息映射到变形后的三维人脸模型上，从而得到该目标的三维人脸模型（图1-4）。

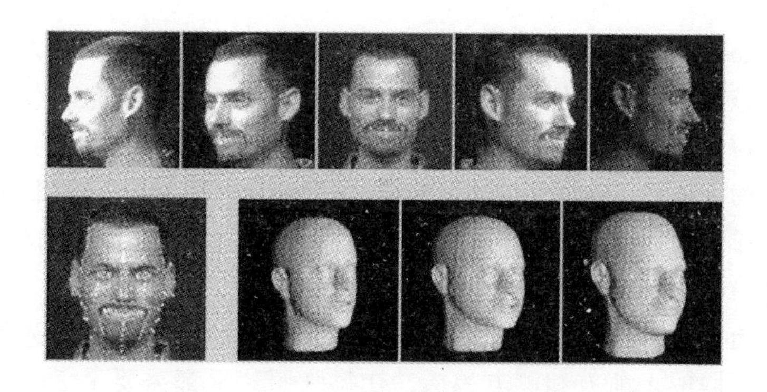

图 1－4　Fr′ ed′ eric Pighin 的人脸模型

Won－Sook Lee 等人[11－13]提出了基于两幅图像的三维人脸建模方法。这两幅图像分别是一幅正面图像和一幅侧面图像（图 1－5）。该方法首先使用 Snake 模型获取目标在图像当中的轮廓信息和特征点位置，然后根据这些信息建立三维人脸模型的变形函数和纹理映射函数，并基于这些函数实现了三维人脸模型的建立。

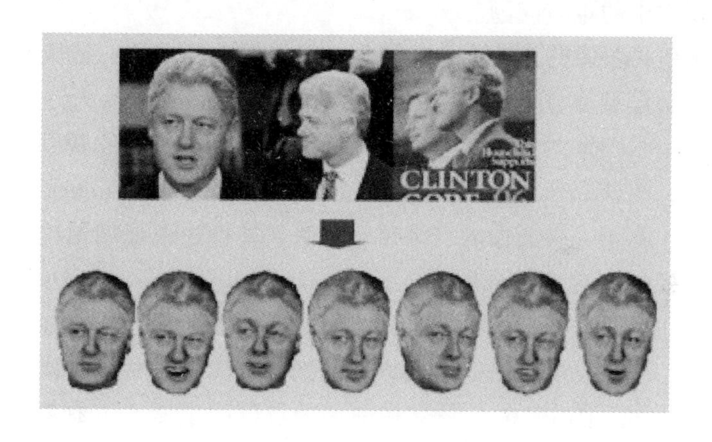

图 1－5　Won－Sook Lee 的人脸模型

Z. C. Liu 和 Z. Y. Zhang[14,15]提出了一种基于视频图像的快速三维人脸建模方法。在构建标准三维人脸模型时，该方法预先设置了五个显著特征点（两个眼角点、一个鼻尖点和两个嘴角点）和一些普通特征点。在进行三维人脸建模时首先基于这五个显著特征点确定人脸的区域和人脸的颜色模型，然后根据一般特征点建立图像和模型的对应关系。

Horase 等人[16]也提出了一种基于正面和侧面图像的三维人脸建模方法，该方法的贡献在于提出了一种局部最大曲率跟踪算法。使用该跟踪算法可以自动提取出人脸的外轮廓特征点和关键特征点的位置。因此 Horase 的方法可以实现三维人脸建模过程的自动化。但是当目标人脸与标准三维人脸模型的差异较大时很难得到较好的变形结果。因此该方法只能适合某些特定的人脸图像。

Akimoto 等人[17]用两张人脸照片来建立人脸模型。这两张人脸照片分别从人脸的正前方和侧方拍摄，在每张照片上都需要手工标记出眼睛、鼻子、嘴等关键特征点的位置。然后根据这些特征点的对应关系计算出这两幅图像的配准关系和特征点的空间位置。最后根据特征点的空间位置对标准模型进行变形，从而构造出与输入图像相对应的三维人脸样本。使用这种方法进行三维人脸建模具有简单易行的优点，但是要求两张照片的角度垂直。基于多幅图像三维人脸建模方法的优点在于信息获取很方便，缺点在于面部特征信息的获取非常困难，也就是说如何得到图像中的特征位置坐标，该问题不但是三维人脸建模中的难题，也是计算机视觉中的难点问题。

基于单幅图像的三维人脸建模是指根据给定的单张二维人脸图像完成三维人脸模型建立的工作，通常这种建模过程又被称为三维人脸重建。基于单张图像的三维人脸建模大大简化了人脸信息的获取工作，并丰富了信息的获取来源。阴影重建算法（Shape From Shading，SFS）[18]是最经典的基于二维图像的三维重建算法，该算法根据朗伯反射模型将图像亮度变化映射成三维曲面上面片的法向变化。SFS 方法是在 20 世纪 70 年代由 Horn[18,19]首次提出的，该方法假设图像中的曲面是朗伯反射曲面，图像亮度与曲面法线方向和光照方向的夹角成反比，算法流程如下图所示（图 1－6）。图像中最亮的点说明了该点正对着光源，其他亮度值的点法向则根据其与该点的亮度差异计算出来。

由于二维图像相对于三维模型而言存在维度缺失的问题，这使得基于单张图像的三维重建成为一个典型的无约束病态优化问题。相同的二维图像可能是由不同的三维物体投影而成。由于人脸表面复杂的光照特性和曲面结构，使得直接使用 SFS 算法进行三维人脸重建很难得到令人满意的效果。为了有效地提高该算法的建模效果，很多学者先后提出了大量地施加特定约束的重建算法。Hancock[20-22]是首次提出使用SFS

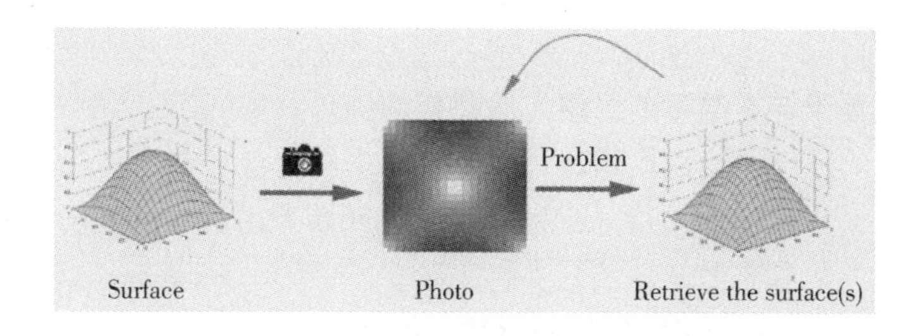

图 1－6 基于 SFS 方法的 3D 曲面恢复

算法进行三维人脸重建的学者，并提出了基于局部形状指示器的 SFS 方法用于重建人脸的深度信息（图 1－7）。Zhao 和 Chellappa[23]提出了一种对称的 SFS（SSFS）算法，通过对 SFS 算法施加对称性约束来提高深度信息的重建精度，然而该算法运行的前提是面部左右两部分区域的对应关系已经建立。例如：左眼和右眼是需要建立对应关系的对称区域。然而人脸的左右两个区域的器官只是在宏观意义下是相同的，在局部细节方面存在较多的差异。这使得建立这些区域之间的对应关系成为一件非常复杂的工作。不精确的对应关系会直接影响算法的重建精度。除此之外，该算法还对面部的光照特性施加了严格的约束，它将面部复杂的光照特性简单地规定为相同的反射率，这就使 SSFS 的适用范围和重建效果大打折扣。对于包含复杂对象的图像和带阴影的图像，该算法的重建精度也会大大降低。Prados 等人[24,25]使用图像中全局深度最高点作为关键点，然后依据当前点与关键点的位置来约束重构的曲面法向。除此之外，该方法还假设光源、曲面反射率、相机等参数是已知的。这些假设在实际应用当中是很难满足的。

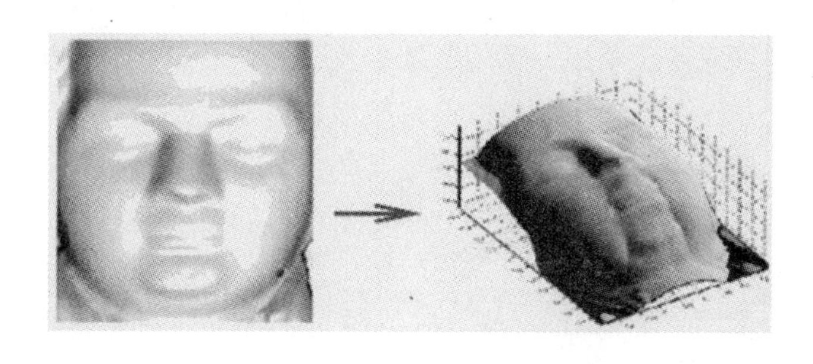

图 1－7 基于 SFS 方法的 3D 人脸建模

二　基于样本学习的三维人脸建模

以上的三维人脸建模算法是研究者根据自身经验知识提出的，为了更准确地对人脸特性进行分析，一些学者开始采用真实的人脸样本作为建模算法的信息来源。

（一）基于统计阴影重建的三维人脸建模

为了进一步提高阴影重建算法的真实感，Kemelmacher 和 Basri[26]提出了一种基于真实样本的 SFS 重建算法，该方法首先选定一个标准的三维人脸样本作为算法的执行标准，然后从该样本中提取人脸建模需要满足的约束，并将这些约束施加在 SFS 重建算法上。在进行三维人脸建模时，该方法通过寻找与输入图像最匹配的形状、反射率、光照条件来完成深度信息的重建。该方法的假设前提是图像中的样本与参考样本具有大致相似的形状和反射率。虽然使用这种方法得到的重建结果更为准确，但是它假设输入图像与参考样本之间具有相同的反射模型，并且二者之间已经实现了初始的对齐，通常这项约束是很难得到满足的。

由于人脸具有复杂的形状信息，采用一般的知识很难获得人脸的精准数学描述。使用统计学方法分析复杂对象的变化规律是一种常用的研究方法，即通过对大量样本的学习得到关于目标变化规律的统计经验。基于统计学习的三维人脸建模方法利用训练样本库中已有的人脸样本学习和建立三维人脸的表示模型。Atick[29]通过将 PCA[28]模型与二维图像匹配来获取三维样本组合参数。Smith[30]通过将 PCA 模型与图像的亮度信息匹配来获得样本参数表示形式，在匹配时使用朗伯模型提供的光照计算公式来对重构曲面的法向进行约束。Dovgard 和 Basri[27]提出了将统计约束与形状约束相融合的重建算法。基于 SFS 的三维人脸重建算法虽然可以实现基于单张图像的三维重建工作，但是这类方法还是存在着很多的不足。首先使用该方法恢复的形状信息与视点是相关的，它对图像中的人脸姿态有着较高的要求。其次计算结果具有不稳定性，当图像中存在较大的噪声时，每次的计算结果都可能不一样。最后使用这类算法还需要对图像的光照条件做出较强的限制。

（二）基于形变模型的三维人脸建模

由 Vetter 和 Blanz[31]提出的基于形变模型的三维人脸建模方法是目前建模效果最好的方法，该方法可以实现基于单幅人脸图像的高精度三维建模，并且建模过程是完全自动化。形变模型方法以人脸空间的基向量为基础建立三维人脸的表示模型，在进行三维建模时通过将形变模型与输入图像匹配的方式来实现对输入图像的三维重建。

形变模型建立的理论基础是线性对象类的理论，即将具有线性关系的一类对象看作线性对象类，使用该类对象若干典型样本的线性组合可以对该类对象中的任一对象进行表示。形变模型的思想最初被应用于图像分析和图像合成方面的研究，即使用一类图像中若干典型图像的线性组合表示或近似表示该类图像中的特定实例。Ullman[32]和 Shashua[33]等人使用同一物体的三个不同视角图像的线性组合来合成该物体在任意视角下的图像，这是形变模型思想在图像表示方面最初的尝试。Choi 等人[34]和 Poggio 等人[35,36]使用几何形状向量和与形状无关的纹理向量来表示一幅图像，并分别使用形状向量的线性组合与纹理向量的线性组合对特定的人脸图像进行表示。Poggio 和 Vetter[37]提出了线性对象类的概念，并论证了哪些对象可以被看作线性对象类，他们还证明了人脸对象属于线性对象类。直观地讲，对于给定的 N 张二维人脸图像，分别使用 $S_1, S_2, \ldots, S_N$ 和 $T_1, T_2, \ldots, T_N$ 表示图像的几何向量集和纹理向量集，则特定二维人脸图像（S_{new}, T_{new}）可以由这些向量的线性组合来表示，即

$S_{new} = \sum_{i=1}^{N} \alpha_i S_i$， $T_{new} = \sum_{i=1}^{N} \beta_i T_i$，其中 α_i 和 β_i 分别是形状组合参数与纹理组合参数。在 Jones 和 Poggio 的实验中，[38]形变模型被用来表示人脸、汽车以及手写数字等对象，并取得了很好的效果。如图 1－8 所示是部分原型人脸和特定人脸表示的结果。二维图像形变模型不但可以用在图像分析和图像表示方面，还可用于图像压缩编码、目标识别等方面。虽然使用二维图像形变模型可以比较好地表示同一类对象，但是当目标对象过于复杂或者对象之间变化的范围较大时，使用该方法的表示效果将会大大降低。

基于二维形变模型的思想，Vetter 和 Blanz 提出了三维人脸形变模型，[39]并基于该模型实现了三维人脸建模。与二维形变模型相比，三维人脸形变模型不单包含形状参数和纹理参数，还包含光照、摄像机等外部参数。并且三维人脸形变模型的建立基础是具有稠密对应的规格化三维人脸集，这使得三维人脸形变模型的表示能力要强于二维形变模型。

图1-8 基于形变模型的图像合成

图1-9是基于三维人脸形变模型的三维人脸建模结果。

图1-9 爱因斯坦重建结果

目前国内有多个研究机构在三维人脸建模方面也开展了大量的研究工作，比较有代表性的是哈尔滨工业大学[40,41]、中科院计算所[42-44]、浙江大学[45,46]、中国科技大学[47-49]、北京工业大学[50-69]、湖南大学[70,71]、上海交通大学[72]等研究机构的工作。

基于形变模型的三维人脸建模方法根据输入的二维人脸图像，可以自动实现三维人脸建模，且建模结果具有高度的真实感。但是形变模型方法还存在很多不足之处，需要得到进一步完善和发展。北京工业大学的胡永利[53]和王成章[61,62,66]分别对形变模型建模方法做出了相应改进，他们的研究工作重点关注了形变模型匹配方法的改进和应用，并基于形变模型的建立需求构建了 BJUT－3D 人脸数据库。与他们的工作重点不同，本书将全面关注形变模型的建模特点和不足，并以此为基础展开本书的研究工作。首先，形变模型是建立在规格化三维人脸样本集之上的。目前的三维人脸样本规格化方法主要有曲面变形法、网格重采样等方法，这些方法无论在算法的鲁棒性上还是在计算简便性上都有待提高。其次，形变模型的表示能力与训练样本集的数量和样本覆盖范围有很大的关系。由于三维人脸采集设备的成本很高且后期处理过程非常复杂，使得现有的三维人脸样本库中的样本都相对不足，因此如何增加训练样本的数量和信息覆盖范围是本书的研究重点之一。再次，形变模型的线性假设前提和人脸的非线性结构之间存在着矛盾，人脸是嵌套在高维空间当中的非线性流形，而形变模型假设人脸空间是一个线性子空间。基于形变模型的三维人脸建模方法必定会忽略人脸的某些细节特征，从而使得该方法难以得到更好的建模效果。因此如何提高形变模型的非线性表示能力是本书的另一个研究重点。最后形变模型的匹配算法也有待改进，形变模型的匹配问题是一个高维参数优化问题，提高形变模型的匹配速度和匹配效果是改进形变模型建模效率的一个重要途径。因此本书将针对这四方面问题展开研究工作。

第二章　三维人脸样本规格化

基于形变模型的三维人脸建模方法通过将形变模型与输入图像进行匹配的方式得到三维人脸模型。三维人脸样本之间的线性可加性是进行形变模型建模的关键前提。由于建库目的和采集方法的不同，不同来源的三维人脸样本在拓扑结构、数据形式、信息含量上有着很大的差异。为了实现不同人脸样本之间的线性运算，需要对初始三维人脸样本进行规格化，使得这些样本具有相同的点面信息和拓扑结构，并可以使用统一的向量形式进行表示。为了建立结构良好的规格化样本，提出了基于组合模型匹配的三维人脸样本规格化方法。使用该方法得到的规格化结果不仅可以满足几何的约束，还可以满足人脸的合理性约束。

第一节　引言

随着三维感知技术的发展，基于三维人脸模型的研究逐渐成为计算机视觉、计算机图形学领域的研究热点。国内外许多研究机构先后建立了自己的三维人脸数据库。由于建立三维人脸数据库使用的设备、手段和目标不尽相同，且样本采集对象的性别、年龄、种族也各不相同，使得不同三维人脸数据库中的样本在拓扑结构、表达形式和信息含量上都具有较大的差别。不同的建模方法对三维人脸样本结构有着不同的要求，要想使用某个三维人脸数据库中的样本，必须对库中的样本进行规格化处理，使得规格化后的样本达到研究所需的要求。

目前的三维人脸数据库主要是基于两类感知设备建立的：基于结构光的深度相机和基于激光的三维扫描仪。使用深度相机获取的三维人脸样本通常只包含人脸的深度信息，这些样本也被称为2.5维样本，基于这类设备构建的三维人脸数据库有3D－RMA[73]、XM2VTS[74]、GavabDB[75]、Bosphorus[76]、York－3D[77]和 FRGC－3D[78]。FRGC－3D 是这类数据库中的典型代表，也是目前应用最为广泛的三维人脸数据库。由于深度相机的采集特性，使得基于该设备获取的三维人脸样本只含有人脸的点云信息，且只含有面部正向区域的信息，侧向区域和耳朵区域的信息由于视点的原因而出现大面积的缺失。除此之外，使用深度相机获取的三维人脸样本通常会含有较大的噪声。如图 2－1 所示，FRGC－3D 中的样本是由三维点云构成的，且主要包含面部的正向区域信息，面部侧向区域只包含部分的耳朵信息，样本的眉毛处和脸颊处含有大量的噪声信息。使用该数据库中的样本必须首先对初始样本进行规格化处理，使得样本达到算法所需的数据形式要求。

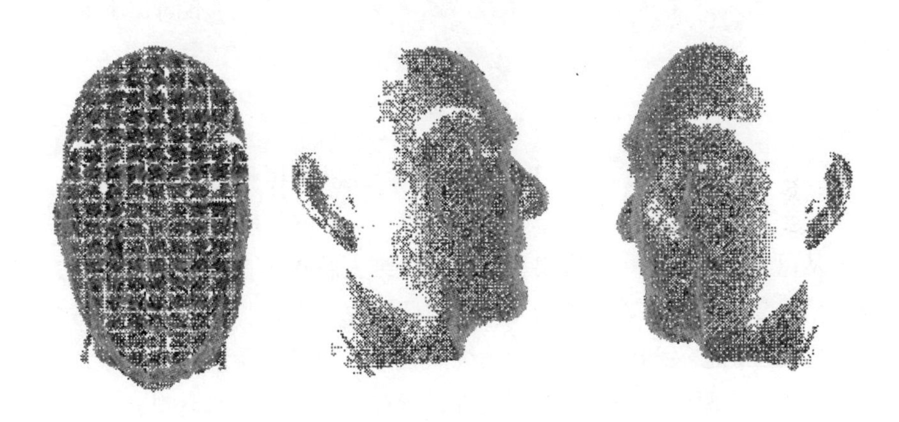

图 2－1　FRGC－3D **人脸数据库的样本**

使用三维激光扫描仪通过一次扫描就可以获得头部的完整数据，而且该样本具有真实感强、分辨率高和精确度高等特点，目前基于三维激光扫描仪建立的三维人脸样本库有德国 tuebingen 大学建立的 MPI 三维人脸数据库，[31]该数据库总共包含 200 人的样本信息，每人有 7 个不同姿态的样本，共计 1400 个三维人脸样本。由北京工业大学多媒体与智能软件技术实验室建立的 BJUT－3D[52,53]人脸数据库，其采集目标全部是中国人。总共包含 500 人中性表情的样本信息，其中男性有 250 人，女性有 250 人，年龄变化范围在 16— 49 岁，每人有 3 个样本。该数据库的样本使用多边形的集合来对人脸进行表示，并且样本包含纹理信息。虽然使用激光扫描仪获取的样本精度和分辨率要远远高于基于深度相机获取的样本，但是这些样本中还是不可避免地存在噪声信息，如毛刺、空洞等。这些噪声的出现主要是由面部复杂的几何结构和纹理特性造成的。如图2－2所示，BJUT－3D数据库中的样本在发梢和眼角部出现了毛刺现象。

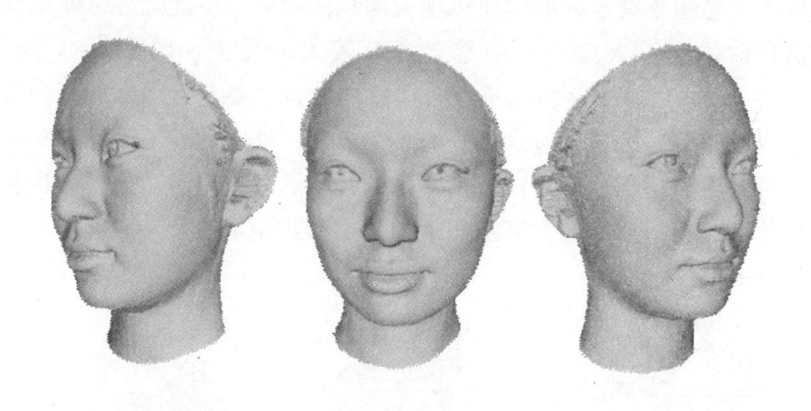

图2－2　BJUT－3D人脸数据库的样本

从以上的分析中可以看出，不同的三维人脸数据在拓扑结构、表达形式和信息含量上存在着较大的差异，因此研究三维人脸样本规格化方法具有重要的理论意义和应用价值。三维人脸样本规格化通常包含样本预处理和样本规格化两个过程。样本预处理是指对样本中存在的毛刺、空洞等信息进行处理，并对所有样本实施坐标对齐操作。这一步的工作使得所有的初始样本达到基本对齐的状态。样本规格化是将不同格式的三维人脸样本转化为具有相同的点数、面数、网格关系和基于特征的稠密对应关系的样本，规格化的三维人脸样本可以用统一的向量形式进行表示。

第二节　样本预处理

使用激光扫描仪获取三维人脸样本时，由于外部环境的变化和采集对象扭头、晃动等因素的影响，使得获取到的样本中通常会含有一些瑕疵信息，如毛刺、空洞等，样本的空间坐标位置和尺度也会随采集对象的不同而不同。为了进一步提高样本规格化的精度，首先对初始三维人脸样本进行去噪、平滑、坐标对齐和面部信息分离等操作，使得所有初始样本达到坐标对齐、尺度一致、信息覆盖范围基本相同的初始对齐状态。

本书所用的三维人脸数据是通过 CyberWare 的 3030RGB/PS 激光扫描仪获取，该激光扫描仪可以通过一次柱面扫描采集到人头部精确的空间几何信息和彩色纹理信息。空间几何信息主体为密集的三维的空间几何采样点（为方便起见，下文统称采样点），由采样点的坐标（X，Y，Z）表示，约 20 万左右，除此之外，还有描述采样点连接关系的三角网格，约 40 万左右。彩色纹理信息包含每一个采样点对应的一个 24 位彩色（用 R、G、B 表示）纹理像素点（下文统称纹理点）。这两部分存储在两个分离的文件与结构中，存储三维空间信息的文件除存储采样点、描述连接关系的三角面片外，还存储该点在纹理文件对应的纹理点的归一化坐标，归一化坐标是一个用来表明本采样点在纹理中对应纹理点位置的索引信息，如图 2－3 左、中；彩色纹理信息是一个由三维采样点表面纹理采用柱面投影得到的二维纹理图像，以普通的图像格式存储，该二维纹理的长宽由投影参数、扫描设备硬件和软件操作平台的差异所决定，本书使用的设备得到的纹理分辨率为 478×489，且头颈方向为宽，并不符合人类视觉的习惯，如图 2－3 右图。纹理图像中像素数是固定的（等于长宽的积），而采样点数量不定（由扫描时人的头部大小和其在扫描场中的具体位置决定），其纹理投影到二维图像时不能恰好将所有矩形上点填充，必然导致在纹理图像中某些区域没有投影点，因此该图像中的某些像素点在三维中是没有对应采样点的，我们称有对应关系的像素点为有效纹理点，其他的称为无效纹理点。

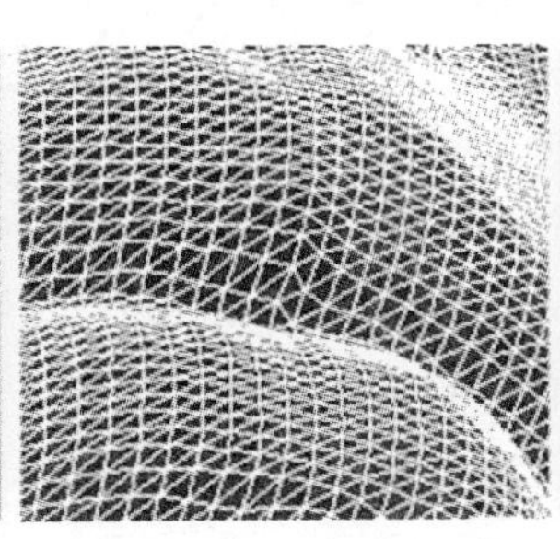
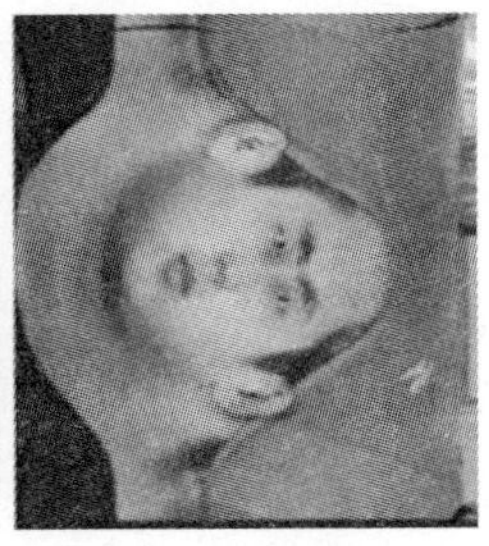

图 2－3　（左）三维采样点的全局，（中）唇部网格放大图，（右）对应的二维纹理图像

这两个文件依靠采样点中的纹理点归一化坐标相互关联起来，这种关联是一种唯一的单向映射关系，即采样点可以在纹理图像中找到唯一对应的纹理点，而纹理图像中的纹理点没有包含对应的采样点信息。为便于说明和使用，采样点信息使用通用的以文本形式存储的三维文件格式 obj 作为阐述问题和处理数据的基础。obj 文件格式简单描述如下：

```
g vertices
# 200636 vertices
v -86.711 -4.720 51.726
…
vt 0.736328 0.646484
…
g surface
# 399802 polygons
f 33759/33759 33622/33622 33603/33603
…
```

上述格式中，g 为一个群组的开始标记，表明到下个 g 之间的内容为一个表达同一概念或描述同一相似属性的群组，如上面第一组描述采样点的坐标信息和对应纹理点的归一化坐标信息，第二组描述网格信息；#号为注释标记，其后为一些说明性的文字；v 为一个点的点坐标标记，说明其后为一个三维采样点的 X、Y、Z 空间坐标；vt 为一个采样点对应的纹理点的归一化坐标，它是与纹理图像唯一关联的信息；所有点按照一定的顺序排列，这个顺序起到一个未声明的隐性序号的作用，作为该采样点的指针；f 描述三角网格（面片）的连接关系，即组成网格的三个采样点的连接关系，其三组数值为代表三个采样点排列顺序的隐性序号（即前面提到的采样点的指针）。

一　纹理映射图

预处理过程中，必须考虑采样点与纹理点的同步问题，即对采样点的处理需同时对其对应纹理点相应处理，由此产生两部分数据建立双向映射关系的问题，采样点包含对应纹理点的信息，而纹理点却未包含对应采样点的信息，直接使用这种单向的映射关系在需要双向处理的情况下导致效率极低。针对扫描数据的特点，我们设计了一种纹理映射图结构，弥补了原有的单向映射关系的不足。

在三维人脸的研究中，对数据的处理和使用一般以点为基本单位，如三维数据的旋转、平移等变换需要对每个点进行操作，因此对每个点进行搜索和定位不可避免，当对数据进行简化、分割等操作时，还需要考虑点和网格的重新组织。无论使用何种处理，通常都要考虑到采样点和纹理图像中对应的纹理点的同步操作问题，即给定一个采样点或纹理点，搜索它们对应纹理点或采样点的过程。由上一节介绍的数据结构分析这个问题，当给定一个采样点时，寻找对应纹理点的唯一途径是归一化的纹理点坐标，由这个坐标在对应的纹理图像中可以直接找到该点对应的纹理点，时间消耗是 O（1）；反之，当由二维纹理图像中给定一个纹理点时，却无法以 O（1）的效率得到它对应的采样点，因为在二维的纹理图像文件中只存储了纹理点的值，并未指明每个纹理点对应哪个采样点，必须根据给定的纹理点的坐标，全局遍历整个采样点的存储空间（即 obj 文件），对比每个采样点所对应的纹理归一化坐标，只有当两个 X、Y 坐标完全一致时，该采样点才是给定纹理点对应的采样点。描述这种思想的算法伪代码如下：

```
FOR i = 0 TO points_ number
BEGIN
int tx = 四舍五入取整（point [i] . vt. x * width）;
int ty =四舍五入取整（ (1 - point [i] . vt. y ) * height）;
//point [i] . vt. x/y 为当前采样点的归一化纹理点坐标
IF (tx = = x in texture && ty = = y in texture) //x, y 是图像中给定的纹理点坐标
RETURN i;
END;
```

该算法用来定位一个采样点，最快是第一个对比点即是所求点，最慢则要遍历到最后一个点，因此这个算法的时间复杂度是 O（n），定位一个采样点的平均查找比较次数是 n/2。该算法在不需要实时响应，且只需查询定位少数纹理点的对应采样点的情况下是可行的。但是，由于采样数据的点数密集，且多数情况下需要对所有数据进行操作，现假设采样点有 20 万个，在寻找每个纹理点的对应采样点时，搜索定位一个采样点需要平均约 10 万次的查找比较运算，20 万个点都搜索定位，则

需要10（万）×20（万）=200亿次，即便在不需要实时处理的情况下，这种速度也是无法忍受的，也给很多相关研究和应用带来不便。

导致上述算法缓慢的原因是采样点与对应的纹理点分离的文件存储结构，如上文所分析，数据自身只提供了一个单向的直接从采样点到纹理点的定位关系，即采样点中的归一化纹理点坐标（为方便后面叙述，下文称这种关系为正向映射），而没有提供直接从纹理点定位采样点关系的可能，因为纹理文件没有相应的采样点索引信息（下文称这种关系为反向映射），所以数据的相互关系不是一个直接的双向映射关系。因此，解决这个问题的关键即是把正向映射中隐含的关联信息显性化，以此建立反向映射关系。为此，本书设计了一个附加的纹理映射图结构来解决这个问题，这种方法只需附加一个纹理映射图的存储空间，和一次全局遍历采样点的时间，即能得到反向映射关系，一次性解决数据之间的映射关系问题。我们解释这种思想如图2－4所示。

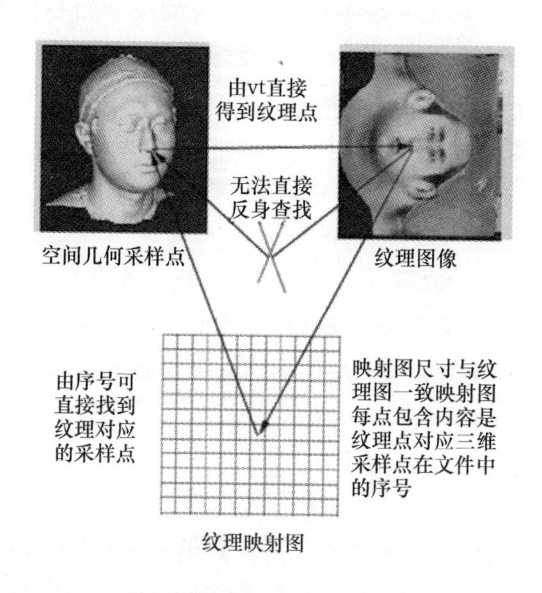

图2－4　采样点、纹理及纹理映射图的相互关系

纹理映射图是一个与纹理图像同样尺寸的二维数组，数组中每对二维下标所指示的存储空间存储了纹理图像中相同二维下标位置的有效纹理点所对应的采样点的序号（指针），假设纹理图中X＝256、Y＝256

坐标处是鼻子顶点，则映射图中下标［256］［256］处存储鼻子顶点所对应的采样点在文件中的索引值，从零开始计数。而其他无效纹理点没有对应的采样点的映射图区域则以－1填充。纹理映射图结构正是一个反向映射关系，可以快速解决前面提到的反向定位问题，若给定纹理图像中的任意纹理点，与该给定点二维下标相同的纹理映射图中相应的位置中即存储了对应采样点的索引信息，可以立即找到该纹理点对应的采样点在采样点集合中的确切位置，从而摒弃了上文算法中顺次地对比查找采样点的缺点，其时间复杂度是O（1）。用本节前面的20万点定位的例子做对比，利用该图，所有点的定位仅需20万次的查找。相较前面所述花费200亿次查找的方法，效率的提高是巨大的，而代价只是付出了一点映射图的存储空间和前期构造该图所需的一次遍历时间。构造映射图的算法伪代码如下：

```
init map with －1；//初始化纹理映射图，全部填－1
FOR i ＝ 0 TO points_ number
BEGIN
int tx ＝四舍五入取整（point［i］. vt. x ＊ width）；
int ty ＝四舍五入取整（（1 － point［i］. vt. y ）＊ height）；
map［ty］［tx］＝i；
END；
```

二　分割人脸的方法及实例

人脸研究中关心的主要是面部数据，尤其在人脸识别与检测中，头发、后脑、肩膀是多余的，因此需将需要的人脸部分离出来，包括三维数据和对应纹理的两部分数据的分离。针对密集网格数据，Krishnamurthy提出了一种人工交互的分割方法，由用户选取一系列点，然后采用贪心图算法，在网格连线上寻找相邻点的最短路径连，这些路径则形成分片的边界。该方法以网格的连接关系为基础进行分割操作，分割的边界由各分片共享，因此可以保证网格分离后没有点和网格的损失，但算法及实现复杂。考虑此处分割人脸只需将有效人脸部分分离出来，不需保证点与网格的无损失，可以考虑以点为基础进行分割操作，利用纹理图像在二维空间的便利，不需考虑点之间的连接问题、简化算法及实现难度。

分离过程需要解决四个问题：1. 分离边界的确定，2. 数据初步分离，3. 初步分离后的数据筛选，4. 数据重组织。

（一）边界的确定和初步分离

确定边界根据具体情况一般需要人机交互，对于三维的人脸数据，如果采用三维交互，不易实现，因为在图形学中三维交互任务涉及定位、选择和旋转，这些任务实现的困难之处主要在于，用户难以区分屏幕上鼠标选择到对象的深度值和其他显示对象的深度值。[36]但二维的交互相对容易许多，鉴于扫描数据包含了三维的采样点和对应的二维纹理图，在纹理图上进行二维交互操作易于实现，再利用纹理映射图，可以快速得到对应的三维数据，以点为处理的基本粒度，不考虑网格连接关系，能够大幅度降低交互难度，并简化处理流程。

本书采用 Volker 等使用的分离模式，即将前额头发、耳朵以后，脖子以下切除，为便于处理前额头发及扫描，在扫描时，被扫描者戴一顶泳帽将前额的头发拢入。因此分离边界包括泳帽边缘、耳后垂面和脖子下平面，后两者只需交互标定耳朵后两点，作为竖切面的标准基点，脖子下一点作为横切面的标准基点；比较复杂的是泳帽边缘的确定，泳帽边缘相对来说是不规则的，且点数众多，因此手动逐点标定不可行，采用文献[35]中标定一系列点连接的方法需要考虑三维网格的连接关系，比较复杂，且连线不能将泳帽边沿精确描绘。解决的方法是，在扫描时使用颜色与肤色反差大的泳帽，由此获得的纹理图像泳帽边缘与人脸灰度值差别较大，使用图像处理中常用的边缘检测[37]方法能够较好地描绘该边缘；但边缘检测方法不能对所有采集的纹理的帽檐都有一个完整、精确的检测结果，因此需要一定的人工交互来纠正未检测到的和检测错的边缘细节。

在二维纹理图像上确定所有的边界纹理点后，根据纹理映射图直接定位其三维对应的采样点，由此得到三维空间上的切面和帽檐边界，以所有采样点为处理对象，判断其与该边界的位置关系，不考虑网格关系，将在此边界内的采样点数据初步分离。

（二）数据的筛选与重新组织

经过数据的初步分离，生成一个粗糙的人脸采样点集合，粗糙的原因在于以点为处理对象的方法，抛弃了网格的约束关系，致使分离出的采样点边界上某些点还存在，但其原始的三角网格关系所连接的邻接点却没有保留全，导致该点失去原有邻接的三角网格，成为没有存在意义的孤点，这些孤点需要再一次的筛选来去除。如图 2－5，点 A 还在，但它的右方、上方、左方的点已被去除，A 实际成为一个没有邻接三角网格的孤点。经过二次筛选余下的点是分离的人脸包含的真正有意义的、有三角片连接关系的点。

二次筛选后的采样点，三维坐标没有变化，但采样点排列顺序和网格关系已改变，重新组织该数据，依据原网格的连接关系，将采样点的序号（指针）更新，生成最终分割的人脸网格。

三维数据处理完毕，对应的纹理图像同样需要分割处理，将对三维采样点的处理直接映射到二维纹理图像中，剔除不再包含在新人脸内的纹理点。由于扫描仪硬件及操作平台差异性的原因，我们得到的纹理图片的头顶是朝向右方的，这与人的视觉习惯不相符合，为此，本书在人脸分离后将纹理扭转过来，并平移使之以鼻子顶点作为新纹理图像的中心点。

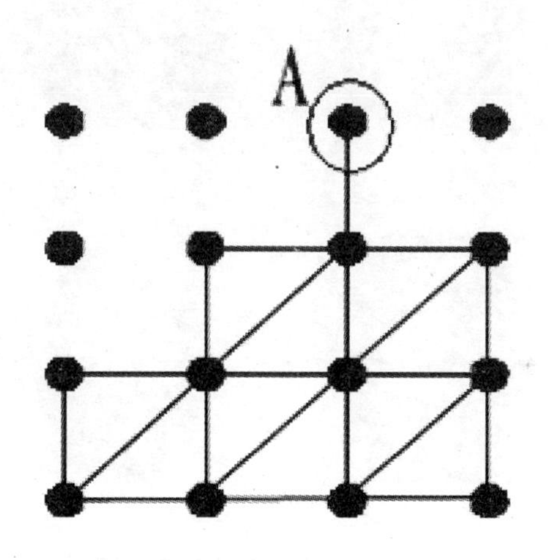

图 2－5　没有连线的是已经去除的点，A 点成为孤点

本书参考图形学中的旋转公式

$$\begin{cases} u = x\cos(\theta) + y\sin(\theta) \\ v = -x\sin(\theta) + y\cos(\theta) \end{cases}$$

旋转纹理，因纹理图像的坐标全部为非负数，而使用该公式变换会出现负值，这里将它修改并结合平移公式使之符合纹理坐标的要求，设鼻子顶点为 X_{nose}、Y_{nose}，原纹理长宽 H_{old}、

W_{old}，新纹理长宽为 H_{new}、W_{new}，且旋转角度为逆时针 90 度，则新公式为：

$$\begin{cases} u = y + (\frac{W_{new}}{2} - Y_{nose}) \\ v = -x + (W_{old} - 1) + (\frac{H_{new}}{2} - (-X_{nose} + (W_{old} - 1))) \end{cases}$$

该公式将纹理点坐标改变，因此原有的归一化纹理点坐标失效，需要使用该公式同步更新归一化纹理坐标。在对数据所有的处理和重组织完成后，根据进一步数据使用的需要，可以采用图形学中平面中两不平行边矢量叉乘的方法[36]来求三角面片（网格）的法向和点的法向。图 2－3 的分离结果如图 2－6。

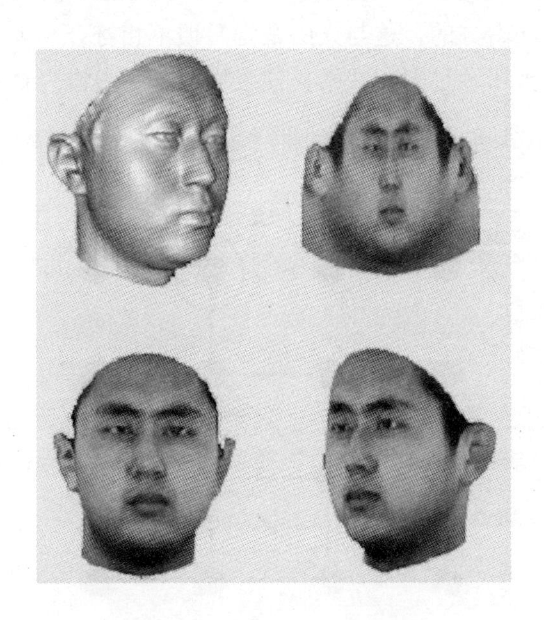

图 2－6　分离后的三维人脸

三　样本坐标矫正

由于不同的三维人脸样本在姿态、尺度和空间位置上存在较大的差别，还需要对分离后的面部样本进行坐标对齐，这是为了在保持样本之间身份差异的同时尽量减小因尺度、位移等因素带来的差异。只有在所有样本处于同一坐标系，具有相同的尺度时，计算样本之间的差别才是有意义的。考虑到分离出的面部样本信息接近一个柱面分布，采用拟合的方式构建三维人脸样本数据离散点的拟合柱面，并用柱面的中心轴作为三维人脸样本的新垂直坐标轴（Z 轴），新的前向坐标轴（Y 轴）取经过鼻尖点并且与新的垂直坐标轴垂直相交的直线，新的 X 坐标轴则根据 Y 和 Z 的叉乘积来确定。通过坐标变换的方式将每个三维人脸样本变换到新的坐标系下，经过坐标变换的人脸样本具有相同的朝向、姿态，并处于相同的坐标系下。如下图所示，Z 是矫正后的垂直轴，Z_0 是矫正前的垂直轴，X、Y、Z 是矫正后的坐标轴。

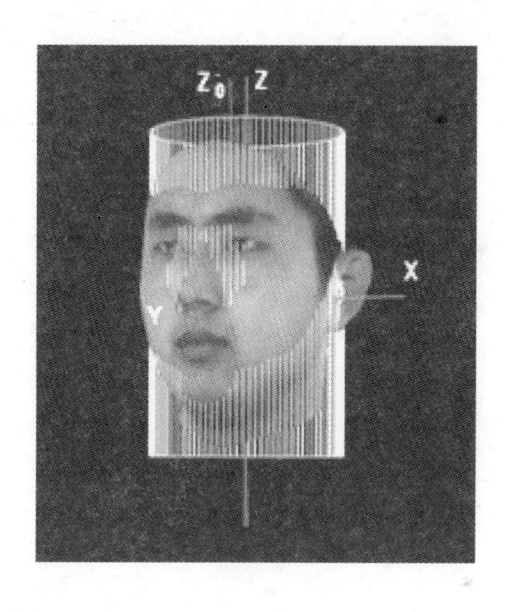

图 2－7　人脸坐标矫正

第三节　样本规格化

经过预处理的三维人脸样本已经实现了坐标统一、结构一致、信息含量大致相同的要求。但是由于人脸的结构化差异使得不同样本之间仍然存在较大的差异，这些差异会极大地影响三维人脸样本的可用性。因此构建可操作性强的三维人脸样本集还需要对预处理后的样本进行规格化处理，使得规格化后的样本不但具有相同的点面信息和拓扑结构，还可以使用统一的向量形式进行表示。三维人脸样本规格化是计算机视觉和计算机图形学领域的难点问题。目前常用的三维人脸样本规格化方法有曲面变形方法、光流方法和网格重采样方法。这些方法都是现有曲面配准算法在三维人脸样本规格化上的推广，并没有对算法进行本质的改变。在深入分析现有三维人脸样本规格化方法的基础上，提出了基于统计匹配的样本规格化方法，并取得了令人满意的结果。

三维人脸样本规格化就是建立不同样本之间点到点的稠密对应关系，例如，根据一个人脸嘴角点的索引信息，可以找到另一个人脸上的嘴角点，这样就可以将其他样本根据该样本的拓扑结构进行有序化，使得这些样本可以采用统一的向量形式进行表示：

$$\begin{aligned} S_i &= (X_{i1}, Y_{i1}, Z_{i1}, X_{i2}, \ldots, X_{in}, Y_{in}, Z_{in})^T \\ T_i &= (R_{i1}, G_{i1}, B_{i1}, R_{i2}, \ldots, R_{in}, G_{in}, B_{in})^T \end{aligned} \quad 1 \leqslant i \leqslant N \qquad (2-1)$$

其中，S_i 表示第 i 个三维人脸样本的形状向量，X,Y,Z 表示每个点的坐标信息，T_i 表示 i 个三维人脸样本的纹理向量，R,G,B 表示每个点的纹理值，N 表示三维人脸样本的数量，n 表示构成三维人脸样本的顶点个数。

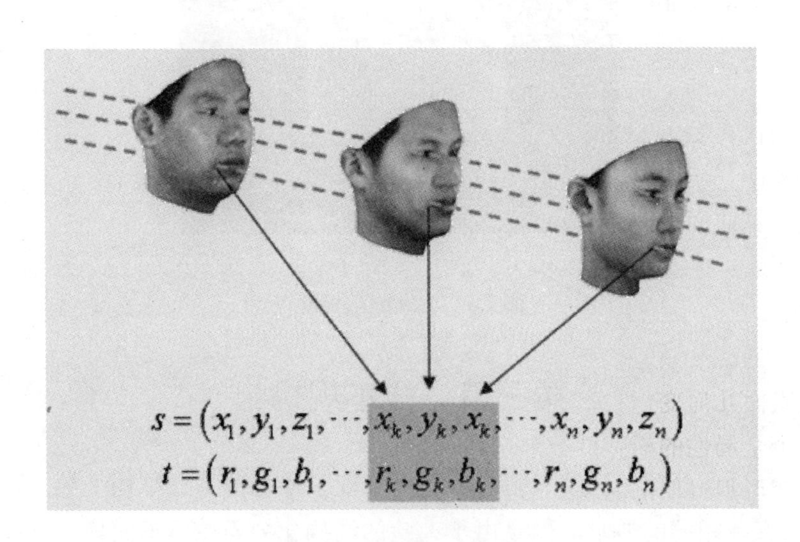

图 2-8　三维人脸稠密对应

三维人脸样本的信息量通常都很大，使用一般的方法很难完成三维人脸样本的规格化工作。然而不同人脸样本面部特征的变化和分布规律却有着极大的相似性，统计学习类方法是研究样本某些统计特性的有效工具。在形变模型思想的启发下，将三维人脸样本规格化问题看作三维人脸组合模型与未规格化样本之间匹配的问题。首先使用主成分分析方法计算三维人脸样本的统计模型，然后将该模型与目标样本进行匹配，从而得到组合模型针对目标样本最佳的表示方式，并最终实现样本规格化工作。下面首先介绍一些现有的三维人脸规格化方法，然后给出提出的基于组合模型匹配的样本规格化方法。

一　曲面变形算法

基于曲面变形的样本规格化方法首先通过手工的方式构建一个标准的三维人脸样本作为规格化的标准，这里将其称为模板样本。对于一个待规格化的目标样本，基于曲面变形的规格化方法通过对模板样本实施一系列的变形来建立二者之间的对应关系，然后根据该对应关系将模板样本的拓扑关系映射在目标样本之上来完成样本规格化。该方法认为人脸样本之间存在着两种变化：刚性变化和非刚性变化。通过对样本实施刚性配准和非刚性配准可以建立不同人脸样本之间的对应关系，其中刚性配准方法采用最近点迭代算法（Iterative Closest Points，ICP）[79-83]，非刚性配准方法采用薄板样条函数（Thin Plate Spline，TPS）[84]。最近点迭代算法是目前应用最为广泛的自由曲面配准方法，它是由Besl、McKay[79]于1992年最先提出的。该算法以四元数方法为基础，通过迭代计算曲面之间对应点的残差平方和来实现曲面的配准。由于ICP算法采用刚性变换表示两个对象之间的对应关系，因此该算法对同一对象不同视角的三维数据的配准[85]或者大型数据采集时重叠部分的配准具有很好的配准效果。[82]而对于不同的三维对象，尤其是个性差异比较大且表面几何变化复杂的对象配准效果较差，采用刚性变换一般只能得到一个全局性的粗略的配准。对于不同样本间的变形，尤其是局部的非刚性变形很难使用刚性变换来表示。薄板样条函数主要用于计算曲面之间的非刚性形变关系。基于曲面变形的样本规格化方法使用薄板样条函数计算模板样本与目标样本之间非刚性变换关系，并根据该变换关系对模板样本实施变形，使得变形后的模板样本与目标样本具有极强的相似性。因此使用曲面变形方法进行样本规格化主要包含两个过程。首先使用ICP方法计算模板样本与目标样本之间的对应关系，然后根据该对应关系计算出二者之间的非刚性形变函数，并基于该函数对模板样本实施变形，使得变形后的模板样本与目标样本具有很高的相似性。通过迭代以上两个操作可以得到模板样本与目标样本的最佳配准结果，根据该配准结果就可以将模板样本的拓扑关系映射在目标样本上。在具体操作时，对于无法与目标样本建立对应关系的点采用插值的方式进行构建。该方法的原理在于 ICP 算法在样本对齐的前提下能够得到较好的规格化结果，因此薄板样条函数的作用就是对模板样本进行变形，并最终将其变形为与目标样本高度相似的样本。然而由于 ICP 算法和 TPS 算法在运行时没有加入人脸的约束，因此在迭代数次后模板样本会变形成与目标样本完全一致的形式。当目标样本中存在空洞、毛刺等现象时，变形后的模板样本也会出现一样的现象。虽然此时二者的形态高度相似，但是由于模板样本的结构已经遭到破坏，因此无法建立有效的对应关系，当然也无法实施样本规格化。下图为模板样本过度变形后的效果，图中第一行样本是规格化模板样本，第二行是过度变形后的模板样本，从图中的结果可以看出过度变形后的模板样本虽然与目标样本的形态非常相似，但是出现了大量的空洞信息而破坏了样本的结构，使得基于曲面变形的规格化方法变得不可行。

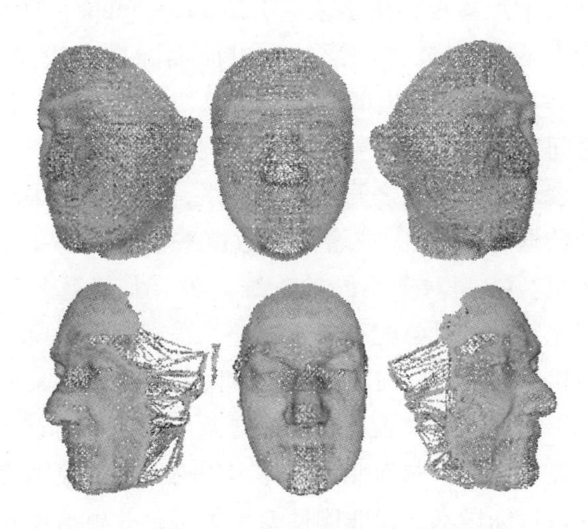

图 2－9　模板样本变形结果

二　基于网格重采样的方法

为了解决三维人脸样本的规格化问题，北京工业大学的尹宝才[62]等人提出了基于网格重采样的样本规格化方法，该方法通过重构初始样本的曲面信息来实现样本的规格化。它摒弃了基于二维图像的三维样本处理方法，直接在三维曲面上进行规格化处理，这样就能够更多更精确地保留样本的三维信息。利用重采样方法可以将不规则的多边形网格转化为规则的网格，还可以将具有不同面片数和空间点数的原型人脸样本全部规格化为点数、面片数、拓扑完全一致的样本，并且使得重采样后的人脸可以使用统一的向量形式进行表示。相同索引位置的点代表相同的面部特征点，在此基础上能够直接进行不同人脸样本之间的线性运算。基于网格重采样的样本规格化主要由人脸分片和网格重采样两个计算过程组成。

人脸分片将三维人脸分割成多个面片，这一步的工作是为网格重采样做准备。目前自动分片算法的研究主要是针对纹理映射领域，虽然能够达到自动分片，但分片的形状不确定，且无法保证所有分片的结果与人脸的特征分布相关。Krishnamurthy[86]提出的交互式的人工分片方法，首先由用户在样本上选取一些关键特征点，然后采用贪心图算法在网格连线上寻找相邻点之间的最短路径，这些路径则看作是分片的边界。该方法以网格的连接关系为基础进行分片操作，实现比较复杂。网格重采样方法首先基于面部纹理图像使用手工方式标定特征点，然后以特征点的连线作为分片边界，划分特征区域，最后通过柱面映射找到三维人脸网格上的分割结点和分割线。考虑到重采样后网格要求比较均匀，所以采用面积比较接近的矩形进行分割。如图 2 – 10（a）所示是三维人脸分割的结果，一个人脸被分为 122 个面片。

在完成对样本的分片操作后，需要采用曲面细分的方法对每个分片进行网格重采样。在细分时，首先根据分片的信息确定每个分片的四个角点。对于规则的矩形面片，直接使用它的四个顶点作为角点；对边界处的非规格面片，采用最小内角法或长宽比法[87]确定它的四个角点。为了实现均匀的网格重采样，首先对所有矩形的边长进行统计，根据最短的边长确定等形线的划分基元，然后基于该基元在每个面片上进行等形线的均匀初始化，从而使得所有分片得到统一而均匀的划分。这样做一方面可以使边界的划分更均匀，另一方面还可以减少边界曲线提取的计算量。对于划分好等形线的样本需要做进一步的细分，新弹性点的位置通过调整点的合力来获得。通过重复以上重采样过程，一个与原始三维人脸样本密度相近的重采样样本可以就此得到。图 2 – 10（b）即为最终重采样结果，每个重采样样本约有 120000 个点和 240000 个三角面片。

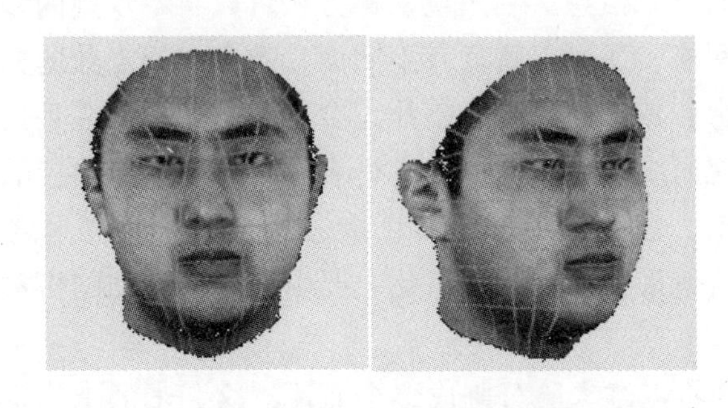

图 2 – 10（a） 三维人脸分片

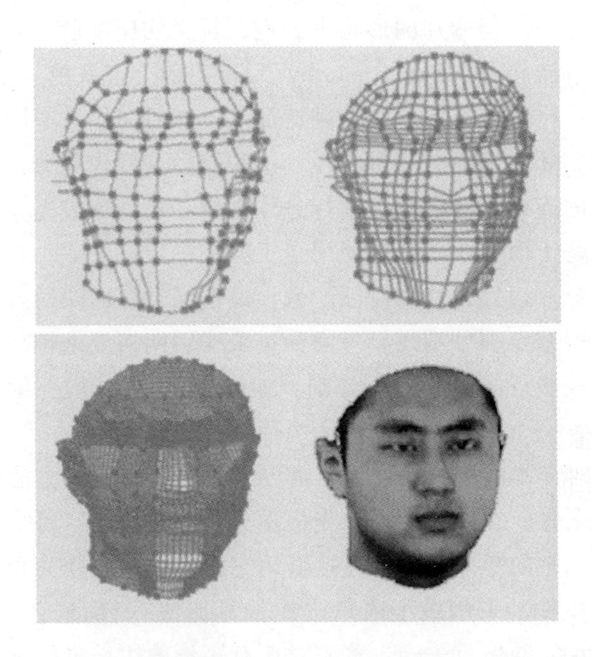

图 2 – 10（b） 等形线初始化、1 次和 2 次重采样的结果、重采样最终结果

图 2 – 10 人脸重采样

由于在重采样过程中，对所有的样本采用了相同的分片方式、相同的重采样过程与重采样次数，因此所有重采样样本都具有相同的分片，每个分片上都具有相同的点数和三角面片数，使用均匀网格重采样方法可以有效地对初始样本进行规格化。

三　基于光流的方法

Vetter 等人提出了一种基于光流改进的算法[31]来计算三维人脸原型对应，该方法将三维采样点的空间信息与每点对应的纹理值（R，G，B 三色）柱面投影到二维空间，首先使用光流计算粗略的对应关系，然后使用 Bootstrapping 算法[29]提高对应关系的精确度。该方法涉及多种图像与视觉的算法。

光流算法的提出是为估计视频中相邻两帧图像的运动关系，最初由 Horn 与 Schunck 于 1980 年提出是基于时空梯度的方法，[40]随后出现了大量的关于光流场的算法，有 Anandan 基于相位的方法[41]，以及 Fleet、Jepson 基于频率的方法[42]等。Barron 等[43]详尽介绍和分析了多种光流算法的优缺点。Horn 和 Schunck 把光流场（optical flow）定义为：光流场是一个图像中的速度场，在图像序列中，光流场把一幅图像变换成另一幅图像，因此，光流场可能不是唯一的。运动场（motion field）是物体的三维运动在二维图像上的投影，它是唯一的。光流场的计算就是希望准确地恢复运动场。在实际计算中，因透明、深度不连续、多物体独立运动、阴影、镜面反射或遮挡，使光流场的准确恢复变得非常困难。

（一）光流场的基本概念

• 单一运动假设

大部分的光流场算法假设在图像的任一限定区域，只存在一种运动。但当成像场景包含透明、深度不连续、多物体独立运动、阴影、镜面反射或遮挡时，这个假设就会不成立。单一运动假设的两个主要表现形式是数据守恒约束和空间一致性约束。

• 数据守恒约束

数据守恒约束（data conservation constraint）为基本光流约束方程，这个约束假设图像内容相关运动不影响其灰度值恒定。但当一个区域包含透明、镜面反射、阴影、遮挡或两种运动的交界时，这个约束不成立。其基本公式如下：

$$I(x,y,t) = I(x + u\delta t, y + v\delta t, t + \delta t) \quad (2-2)$$

其中 $I(x,y,t)$ 为时间 t 时图像上点 (x,y) 的像素值。(u,v) 是水平和垂直方向的速度。$(u\delta t, v\delta t)$ 即为点 (x,y) 的光流。这个公式表明，时间 t 图像上点 (x,y) 的像素值与时间 $t+\delta t$ 图像上一点的像素值相等。

误差公式：

$$E_D(u,v) = \sum (I(x,y,t) - I(x + u\delta t, y + v\delta t, t + \delta t))^2 \quad (2-3)$$

泰勒展开，并舍掉高于一次的项得：

$$E_D(u,v) = \sum (I_x(x,y,t)u + I_y(x,y,t)v + I_t(x,y,t))^2 \quad (2-4)$$

• 空间一致性约束

只有数据守恒约束无法计算光流值，一般情况下图像的运动是平滑的，空间一致性约束假设光流在邻域内平缓变化。但当图像区域中包含多种运动时，这个约束就不成立。基本公式如下：

$$E(u,v) = E_D(u,v) + \lambda E_s(u,v) \quad (2-5)$$

其中 λ 控制数据守恒和空间一致性约束的相对重要性。

$$E_S(u,v) = \sum_{s \in S} (\frac{1}{8} \sum_{n \in \xi} ((u_s - u_n)^2 + (v_s - v_n)^2)) \quad (2-6)$$

其中 S 是所有图像点，s 是某一图像点，ξ 是 s 的邻域。

• 小孔问题

小孔问题（aperture problem）：为了求出光流，需要对图像中各区域施加各种约束，这样，需要这些区域足够大，才能求出约束方程的解。

（二）经典光流场算法

经典的光流场算法有：（a）时空梯度法（intensity - based differential methods），（b）频域的方法（frequency - based methods），（c）基于相关性的算法（correlation - based methods）。

• 时空梯度法

时空梯度法（亦称灰度差分法）通过计算图像灰度的时间和空间偏导来求光流场。此类方法假设图像域在空间和时间方向上连续，可以求导。这类方法包括局部方法（local methods）、全局方法（global methods）、表面模型方法（surface models）、轮廓模型方法（contour models）和多约束方法（multiconstraint methods）。

● 频域方法

这种方法在频域应用了方向敏感滤波器。它的好处是能够处理一些在时空域无法用匹配算法求出正确的光流场的时候，能在频域应用方向敏感滤波器求出正确的运动。

● 基于相关性的算法

当图像的信噪比过低时，基于差分的方法或频域方法都将失效。基于匹配的相关性算法是一个很好的替代。相关性算法不需要明显的特征和准确的特征匹配，而且可以变动匹配窗口大小来正确处理遮挡问题。

（三）金字塔及多分辨率光流

由光流的约束定义可知，光流在两幅图像相差较大时会失效，但当将图像同比例缩小后，他们的差别会有所减少，因此就产生了多分辨率光流，将需要作光流的图像按同样的比例缩小，在小尺度上计算光流，将这个光流值传递到大一级的图像作为这一级光流的初始值计算，这样原始图像的光流会比直接计算的精确度高。

P. J. BURT 最早提出金字塔算法，基本原理是使用适当的卷积核对给定的图像实施卷积操作然后进行下采样卷积后的图像，使之为原图像的四分之一大小。包括高斯金字塔和拉普拉斯金字塔。

如图 2－11 所示，以一维为例，高斯金字塔是通过用一个局部的、对称的加权函数（卷积核）对原始图像 G_0 进行低通滤波下采样来获得图像 G_1，G_1 是 G_0 的缩减版本，无论是分辨率还是样本密度都减少。用相似的方法可以得到 G_1 的缩减版本 G_2，如此重复计算，将图像序列从下向上排列起来，就像一个金字塔。一般使用的卷积核是高斯分布的卷积核，相应的图像序列 G_0，G_1，...，G_n 也称之为高斯金字塔。一维卷积核表示为 w（5），其规则为 $w(0) = a$，$w(1) = w(-1) = 1/4$，$w(2) = w(-2) = 1/4 - a/2$。

● 高斯金字塔

扩展到二维图像上，构造金字塔的基本公式如下：

$$g_k = REDUCE(g_{k-1}) \quad (2-7)$$

g_{k-1} 为低一层的图像，g_k 为高一层的图像，具体计算公式如下：

$$g_l(i,j) = \sum_{m=-2}^{2} \sum_{n=-2}^{2} w(m,n) g_{l-1}(2i+m, 2j+n) \quad (2-8)$$

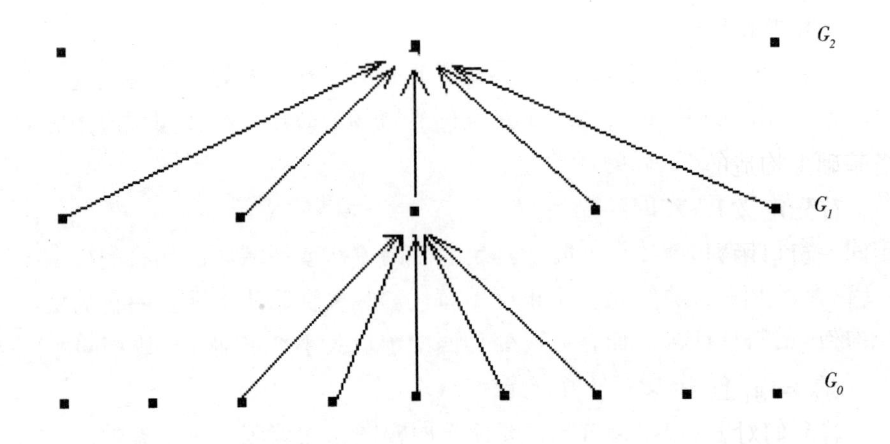

图 2-11　一维图像的金字塔处理过程。

其中 $w(m,n)$ 是二维高斯卷积核，它等于两个一维卷积核的积，即 $w(m,n) = w(m)w(n)$。

图 2-12　一个五层图像高斯金字塔

使用二维高斯卷积核假设图像被初始化表示为含有 C 列 R 行的像素矩阵 G_0。该图像成为低层或者说是第零层高斯金字塔。用二维卷积函数对这一层的每个 5×5 的区域（亦可为 3×3 或 7×7）求加权平均，得到的结果就作为金字塔第 1 层的对应点的像素值，从而构成了第 1 层的图像。以此类推，我们就能得到第 2 层，……，第 n 层的图像。如图 2-12 所示为一个 5 层图像高斯金字塔。

● 拉普拉斯金字塔

高斯金字塔保留了图像的基本信息，在图像编码中，保存边缘信息更为重要，因此产生了拉普拉斯金字塔。拉普拉斯金字塔是在高斯金字塔基础上构造的。

首先定义 REDUCE 的逆过程 EXPAND（扩展）。在扩展过程中，利用同一窗口函数反向求得下一层对应点的像素值，一幅第 l 层的图像 g_l 经过 EXPAND 扩展就与图像 g_{l-1} 大小相同了。假设，将 g_l 扩展 n 次所得的图像为 $g_{l,n}$，则

$$g_{l,0} = g_l \text{ 且 } g_{l,n} = EXPAND(g_{l,n-1}) \tag{2-9}$$

若我们对 g_l 扩展 l 次，我们就得到了与原始图像同样大小的 $g_{l,l}$。

拉普拉斯金字塔是一系列误差图像 L_0，L_1，$\cdots L_n$。这里的误差指相邻两层高斯金字塔图像的相减。公式如下：

$$\begin{aligned} L_l &= g_l - EXPAND(g_{l+1}) \\ &= g_l - g_{l+1,1} \end{aligned} \tag{2-10}$$

其中，$0 \le l \le N$。由于没有图像 g_{N+1}，所以规定 $L_N = g_N$。

我们对各层的拉普拉斯金字塔求和，可以从其结果看出通过扩展操作原始图像可以被精确地还原，这是它的一个重要特性：

$$g0 = \sum_{l=0}^{N} L_{l,r} \tag{2-11}$$

考虑到原型人脸的差异较大，上文中提到的光流和金字塔在 Bootstrapping 算法中具体应用时是结合为多分辨率光流来使用的。由上面的论述可知光流场实质是对运动场的一个估计，每个光流场的计算都需要一个初始值，对这个初始值进行不断的迭代更新，因此初始值的选定一定程度上影响了计算迭代的次数和结果。多分辨率比较好地解决了这个问题。其基本做法是：首先将需要作光流的图像构造图像金字塔，具体层数可自定，从最小分辨率的图像层开始，任意给定初始值，得到的光流场扩展投影到高一级分辨率的图像层作为光流的初始值，这样依次计算，在计算最后原始图像的光流场时，已经有一个粗糙但比较到位的初始光流值，有利于最后结果的精确度。

图2-13 一个五层的拉普拉斯金字塔

多分辨率光流需要解决的问题是上一层的光流值如何扩展投影到下一层，因为上一层的分辨率横、纵方向比下一层都小一半，其光流场的分辨率同该层图像一样大小，因此不能直接把上一层的光流场直接传递给下一层，需要扩展到和下一层同样大小，可以采用上面金字塔算法中的EXPAND过程，也可以将光流隔点投影，然后线形插值计算出其他相间点的光流值。多分辨率光流可以在高斯金字塔基础上，亦可在拉普拉斯金字塔基础上计算。下图为多分辨率光流与单光流比较，左1、2为需要作光流的两幅人脸，左3为无金字塔光流的光流场，最右为二层高斯多分辨率光流的光流场。可以看出非多分辨率的光流算法在这样的大差异人脸间捕捉能力较弱，而多分辨率光流能较全面地反映差异。

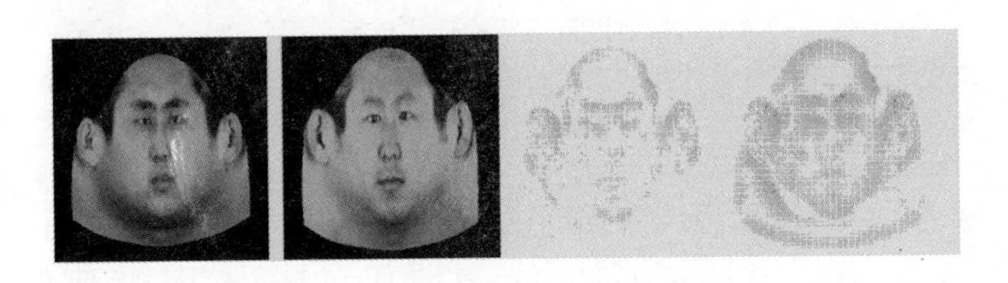

图2-14 单分辨率和多分辨率的光流比较

（四）主成分分析法——PCA

形变模型以大量人脸数据为基础进行建模，人脸数据会有一定的冗余，为减少冗余，加快计算，采用了主成分分析（PCA）的方法。PCA是模式识别中应用广泛的一种能有效提取图像特征和图像匹配的方法，其最终目的是使用给定样本中的较少数特征来描述样本，降低特征空间的维数，减少运算量，同时又能保留所必需的大部分的信息。其方法的原理基础是，在多数图像和模式识别的领域，给定的样本之间存在相关性，即存在数据冗余，使用 PCA 方法来减少这种相关性，减少冗余。下面简单介绍该方法。

将图像看作一个向量，向量维数就是图像的分辨率大小，将所有样本图像向量按列排列，构成一个矩阵，PCA 的作用就是求这个矩阵的特征向量和特征值，但是这种矩阵的维数很高，所以采用一般的矩阵求特征值和特征向量的方法是不可行的，PCA 算法能够使用较小的运算代价近似地计算出结果。

假设 N 为图像样本个数，M 为图像向量维数，X 为图像向量，X_j为第j幅图像的图像向量。首先求图像向量的平均向量 $\bar{X} = \frac{1}{N}\sum_{j=1}^{N} X_j$，再由平均向量求每个图像向量的差值向量 $\Delta X_j = X_j - \bar{X}$，由差值向量构造的矩阵 A 如下，

$$A = \begin{bmatrix} \uparrow & \uparrow & \uparrow & \uparrow & \uparrow \\ \Delta X_1 & \Delta X_2 & \cdots & \Delta X_{N-1} & \Delta X_N \\ \downarrow & \downarrow & \downarrow & \downarrow & \downarrow \end{bmatrix}$$

，则相应的协方差矩阵为 $\sum = Cov(A) = \frac{1}{N}AA^T$，若图像向量 10000 维（如 100 × 100 的图像），则这个协方差矩阵的大小是 10000 × 10000，这对于特征向量的计算是一个非常大的数据量。因此可以反向考虑 A^TA 的大小是样本数 $N \times N$，一般情况 N 是几百，与 10000 相比计算复杂度会大幅度降低。假设 V_j 为 A^TA 的特征向量，λ_j 为特征值，我们可以做如下推导：

$$(A^TA)V_j = \lambda_j V_j$$

$$A(A^TA)V_j = A(\lambda_j V_j)$$

$$AA^T(AV_j) = \lambda_j(AV_j)$$

由上述推导可知，(AV_j) 即是 AA^T 的特征向量。得到特征向量后，一般使用前面 n 个包含信息最多特征向量即可描述该样本空间，抛弃后

面的0向量和无足轻重的向量，从而达到减少冗余的目的。

由于对应算法的基础是二维光流算法，因此三维人脸的空间表示法不能使用，需要将其转换到二维空间，给予一种新的表示方法。考虑原型人脸是由柱面扫面得到，而柱面可以展开为平面。文献［22，31］中，将空间中每个人脸采样点的柱面坐标半径与彩色纹理值 R、G、B 看作一个四维向量，如下

$$F(h,\phi)=\begin{cases}radius(h,\phi)\\red(h,\phi)\\green(h,\phi)\\blue(h,\phi)\end{cases}\tag{2-12}$$

并修改一般的光流算法针对该向量以模来计算光流，式中权重 w_1，w_2, w_3, w_4 根据半径与 R、G、B 值补偿不同的变化。这样的表示方法将三维采样点和纹理值全部同时考虑，更能充分表示原型人脸的信息。

$$\|(radius,red,green,blue)^T\|^2=w_1\cdot radius^2+w_2\cdot red^2+w_3\cdot green^2+w_4\cdot blue^2$$

（五）三维人脸的稠密对应

文献［22，31］的形变模型采用的是Bergen等的基于梯度的光流算法。[46]对每个图像上的点 $I(x,y)$，假设其光流值为 $\delta x,\delta y$，$E(x,y)=\sum_{R(x,y)}(I_x\delta x+I_y\delta y-\delta_I)^2$ 为光流的估计式，其中 I_x,I_y 为图像的空间导数，δI 为图像的时间导数（即相邻两帧图像的灰度差），区域 R 为点 (x,y) 的5×5邻域。最终每点的光流由下式计算得到：

$$\begin{pmatrix}\sum I_x^2 & \sum I_x\cdot I_y\\ \sum I_x\cdot I_y & \sum I_y^2\end{pmatrix}\begin{pmatrix}\delta x\\ \delta y\end{pmatrix}=-\begin{pmatrix}\sum I_x\cdot\delta I\\ \sum I_x\cdot\delta I\end{pmatrix}\tag{2-13}$$

针对三维人脸的表示方法，上式改写如下：

$$\begin{pmatrix}\sum\|I_h\|^2 & \sum\langle I_h\cdot I_\phi\rangle\\ \sum\langle I_h\cdot I_\phi\rangle & \sum\|I_\phi\|^2\end{pmatrix}\begin{pmatrix}\delta h\\ \delta\phi\end{pmatrix}=-\begin{pmatrix}\sum\langle I_x\cdot\delta I\rangle\\ \sum\langle I_x\cdot\delta I\rangle\end{pmatrix}\tag{2-14}$$

由于光流的假设是视频流中相邻两帧图像的像素小位移运动，因此在计算对应时，效果不佳，且在一些差别较大的图像的对应效果失真严重，因此采用多分辨率光流来改善对应的效果。

由于光流的小孔问题（aperture problem），在人脸的梯度变化不大的区域，在其纹理和形状中带有细小结构的面部区域，如额头、脸颊，

即使多分辨率光流的结果亦有可能有噪音，有时虚假，不可靠。有鉴于此，文献［31］提出了基于光流向量系统的光滑插值解决该问题。

假设邻近的流向量由下式约束：

$$E_c = \sum_h \sum_\varphi \| v_s(h+1,\varphi) - v_s(h,\varphi) \|^2 + \sum_h \sum_\varphi \| v_s(h,\varphi+1) - v_s(h,\varphi) \|^2 \quad (2-15)$$

$v_s(h,\varphi)$ 为平滑后的流向量，原始的流向量为 $v_0(h,\varphi)$

$$设定\ E_0(h,\varphi) = \begin{cases} 0 & if\ \lambda 1,\lambda 2 \leqslant s \\ \langle a_1, v_s(h,\varphi) - v_0(h,\varphi) \rangle^2 & if\ \lambda_1 \geqslant s \geqslant \lambda_2 \\ \| v_s(h,\varphi) - v_0(h,\varphi) \|^2 & if\ \lambda_1,\lambda_2 \geqslant s \end{cases} \quad (2-16)$$

其中 λ_1,λ_2,a_1 分别为（2－15）最左矩阵的特征值和特征向量，最终的约束方程如下：

$$E = \eta E_c + \sum_{h,\varphi} E_0(h,\varphi) \quad (2-17)$$

η,s 为权重因子和门限，它们一般取经验值。

（六）Bootstrapping 算法

光流一般用于物体的运动估计，即用视频序列相邻两帧图像中物体连续平滑变化的约束计算每一点的位移。鉴于原型人脸图像的相似性，可将不同人脸图像近似地看作视频中相邻两帧图像，使用光流计算对应点。但这种对应的结果毕竟是粗糙的，效果不理想。为此，Vetter 和 Jones 提出了 Bootstrapping 算法[29]，借助中间组合模型，比较好地解决了人脸图像间的稠密像素对应问题。

Bootstrapping 算法是一种基于光流改进的利用中间组合模型不断优化的像素级的对应算法，其算法基础包括对象类、线形组合的概念，光流算法、PCA 算法以及金字塔（多分辨率）算法。

如图 2－15，虚线所示为使用简单光流计算对应，这样得到的结果 Result1 是粗糙的，借助人脸库中的原型人脸对 novel 人脸进行组合建模，这个中间的模型相对而言与参考脸和 novel 的相似度都比较高，以它作为参考脸和 novel 之间联系的桥梁，能够得到更为精确的对应结果。

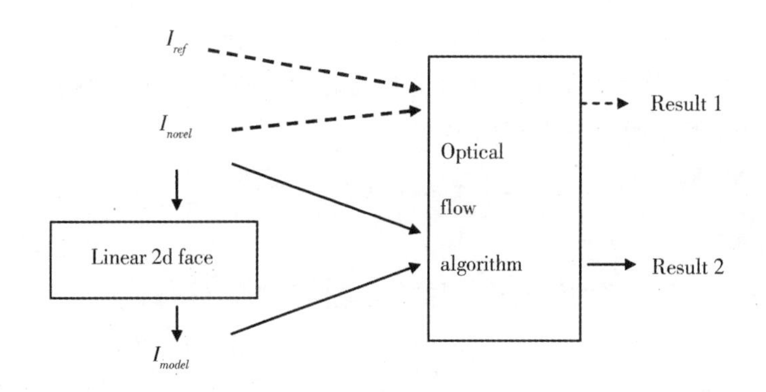

图 2－15　Bootstrapping 原理图

为使所有人脸对应，需要有一个对应的基准，即需要以某一个人脸为所有人脸对应的参考系，我们称之为参考脸。首先，从原型人脸库中任意选择一副人脸作为初始的参考脸 I_{ref} ，然后将库中所有的人脸 I_i 与该参考脸用光流算法进行对齐运算，得到每个人脸的形状向量 S_i ，使用 S_i 反向变形（backward warp）I_i 到 I_{ref} 上得到 T_i ，计算所有 S_i 和 T_i 的平均值得到 $\bar{S}$ 与 $\bar{T}$ ，将 $\bar{T}$ 利用 $\bar{S}$ 前向变形（forward warp）得到 $\bar{I}$ ，计算 $\bar{I}-I_{ref}$ ，如果差值小于一定的数，则认为收敛，结束参考脸的选择，否则，以 $\bar{I}$ 代替 I_{ref} 成为新的参考脸，重复上述算法。该部分算法得到一个光流计算得到的参考脸和所有原型人脸与参考脸的对应关系，该参考脸是在光流算法下能够达到最好的和所有原型人脸最相近的人脸，但由于光流的局限，这两部分结果仍然需要进一步提高，下面给出具体步骤。

光流的结果不尽如人意的主要原因是原型人脸间差异较大，解决的方法是利用初步的对应关系，将库中的人脸组合出每一个原型人脸的模型，因该模型人脸与原型人脸的差异以及与参考人脸的差异都较小，因此把它作为原型人脸和参考脸之间的桥梁，可以进一步精确原型人脸和参考人脸的对应关系，由这组更新的对应关系可以得到一个更精细的参考人脸，不断如此重复，循环更新。在组合模型时，考虑原型人脸的冗余，对 S_i 与 T_i 做主成分分析（PCA），选择前 n 个主成分建立模型，将每个 I_i 用该模型生成它的近似线形模型 I_i^{model} ，使用光

流算法计算每个 I_i 和 I_i^{model} 的对应场 S_i'，将 S_i' 和 S_i^{model} 这两个对应场组合为新的对应场 S_i^{new}，利用这个新的对应场反向变形（backward warp）I_i 到 I_{ref} 上，得到新的 T_i，将 S_i^{new} 替换 S_i。以上两部分的算法流程如图 2－16 与图 2－17。

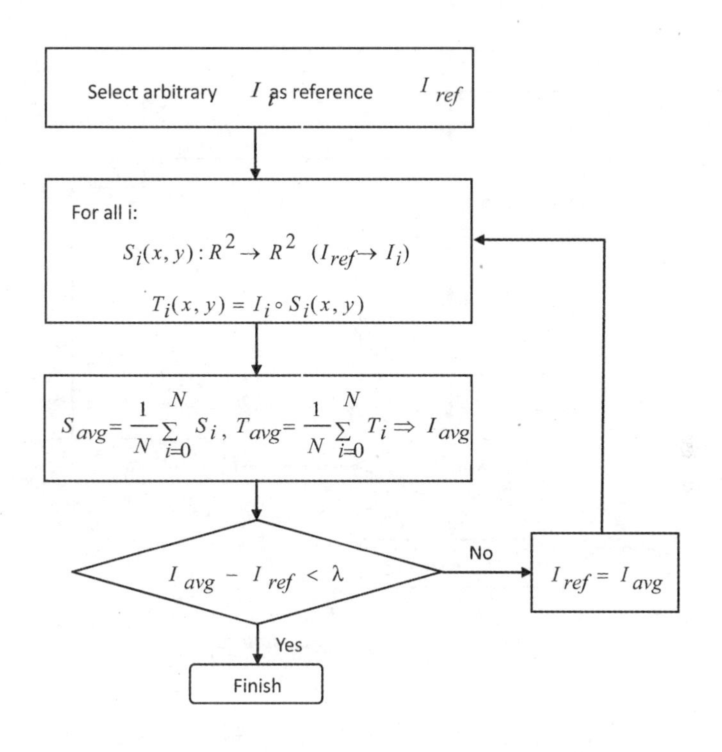

图 2－16　计算平均脸

四　基于组合模型匹配的规格化方法

基于曲面变形的规格化互算法对于存在信息缺失样本规格化效果很差，基于网格重采样的规格化方法是基于曲面重建思路展开的，也就是说通过原型人脸样本表面的采样点信息来重新构造人脸样本。该方法的规格化效果很好，但是规格化过程复杂并且需要涉及大量的交互操作，使用该方法构建大规模规格化样本是一件很困难的事情。

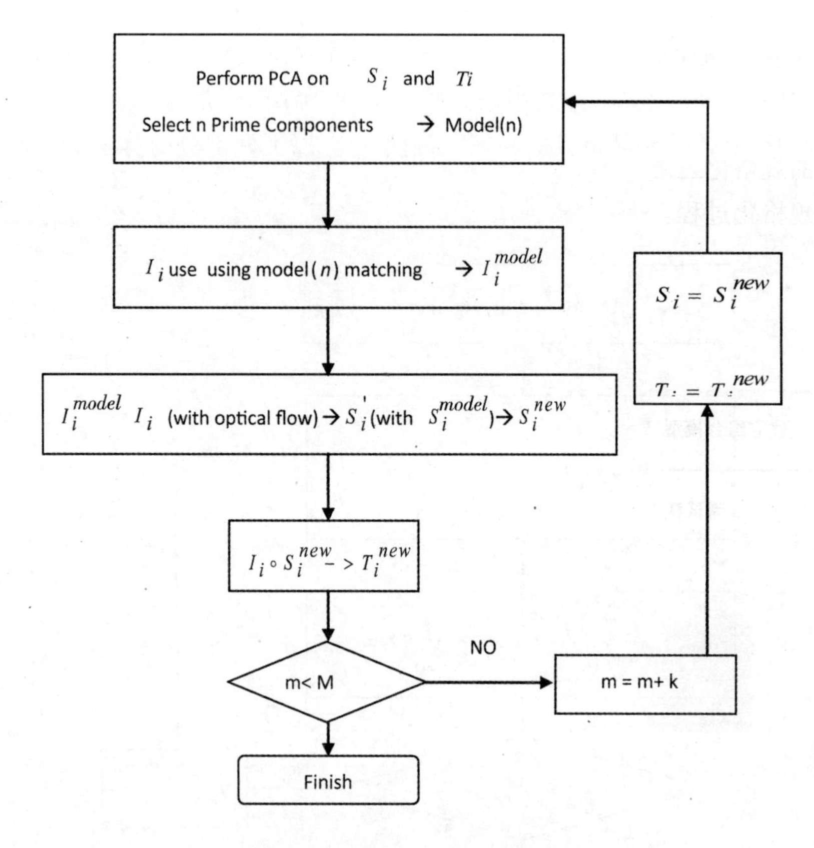

图 2 - 17　Bootstrapping 流程图

为了更好地解决三维人脸的规格化问题，提出了基于组合模型匹配的样本规格化方法。该方法认为人脸是分布在高维空间内的一个线性子空间，空间中的任何一个特定人脸样本都可以由空间的基向量线性表示。其中的基向量既可以由训练样本集中的典型样本表示，也可以用空间的特征向量来表示。使用主成分分析的方法来计算人脸空间当中的基向量，针对每一个待规格化的目标样本，使用基向量的线性组合来表示，并通过不断地调整模型的组合系数实现组合模型与待规格化样本的匹配。直观地讲，对于规格化三维人脸样本集，首先使用主成分分析方法计算出样本空间的特征向量 $\{S_1, \cdots, S_N\}$，则空间中的任意特定规格化三维人脸样本 S_{new} 都可由这组特征向量线性表出：

$$S_{new} = \sum_{i=1}^{N} \alpha_i S_i \qquad (2-18)$$

其中 α_i 是人脸空间特征向量的组合系数，且满足约束 $\sum_{i=1}^{N}\alpha_i = 1$ 。由于该组合模型是在规格化人脸样本集上训练出来的，因此使用该方法得到的规格化三维人脸样本能够最大限度地满足人脸的约束。下图是提出的规格化过程。

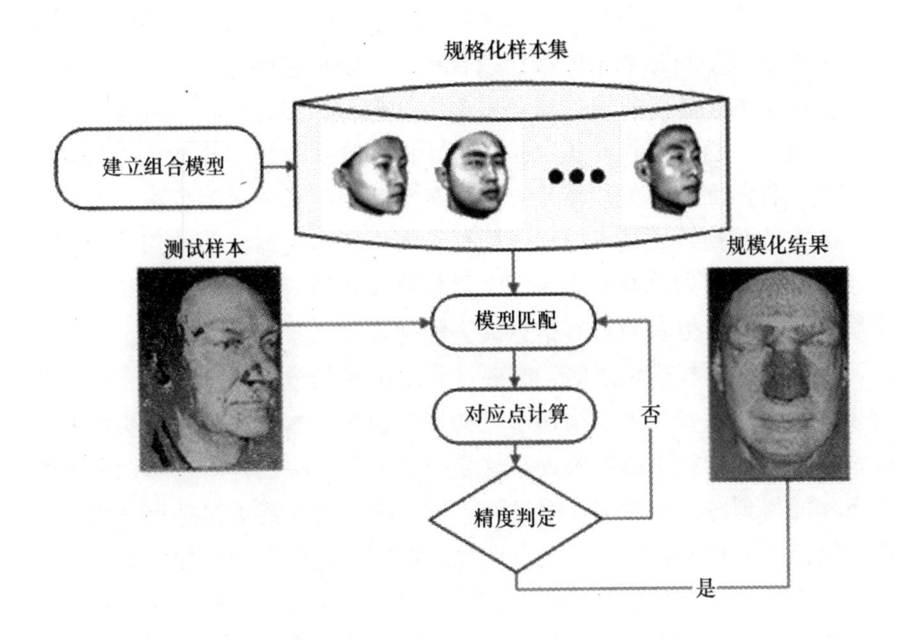

图 2－18　规格化流程图

在进行样本规格化时，首先根据一组初始的组合系数构建初始的模板样本 ST 。对于给定的待规格化样本 T ，使用 ICP 方法计算 ST 与 T 的配准关系，从而得到 ST 关于 T 的对应关系 C 。然后基于对应关系 C 计算出组合模型关于目标样本 T 的组合系数。注意此时不再采用薄板样条函数对模板样本进行变形，而是采用模型匹配的方式计算出与目标样本相似的模板样本。由于三维人脸样本的维度远远大于特征向量的个数，因此基于对应关系 C 可以构建出一个超定方程组，则具体计算形式可以表示为：

$$
\begin{aligned}
S_1(C(1))\alpha_1 + \cdots + S_N(C(1))\alpha_N &= T(Corr(C(1))) \\
&\vdots \\
S_1(C(m))\alpha_1 + \cdots + S_N(C(m))\alpha_N &= T(Corr(C(m)))
\end{aligned}
\tag{2-19}
$$

其中 $Corr(i)$ 表示目标样本 T 与组合模型 ST 第 i 个点的对应索引值，m 表示得到的对应点数目。因此给定一个对应关系就可以得到组合模型关于目标样本的一组系数 α，求解超定方程组就是求解组合模型在这组对应关系下关于目标样本的最佳拟合形式。使用这种方式来估计与目标样本最相似的模板样本可以避免由于过度变形而出现的模板样本结构被破坏的情况。这项工作实质上是对基于曲面变形的样本规格化方法的一种改进，将曲面变形的规格化方法中基于薄板样条函数对模板样本进行变形的方式替换成了基于模型匹配估计模板样本的方式，使用这种方式构建的模板样本始终都可以保证满足规格化人脸的约束。因此该方法将会解决曲面变形方法对具有信息缺失的样本无法规格化的问题。

在进行样本规格化之前，需要首先给出初始模型组合参数，使得组合模型基于这组参数可以构建一个初始的模板样本。初始组合参数的选取情况对配准的结果影响极大。这是由于 ICP 算法在样本基本对齐的情况下才能得到较好的对应计算结果。组合模型的参数可选范围很大，随机给定模型的初始参数又缺乏方向性，如何构建恰当的初始模板样本显得尤为重要。从统计学的角度看，平均脸代表了人脸空间中样本的总体特性。因此，使用平均脸作为初始模板样本是一个最佳选择。平均脸是指通过对所有规格化三维人脸样本取平均的方式获取的人脸样本，图 2-19 是使用 BJUT-3D 人脸数据库中的样本构建的三维平均脸样本。

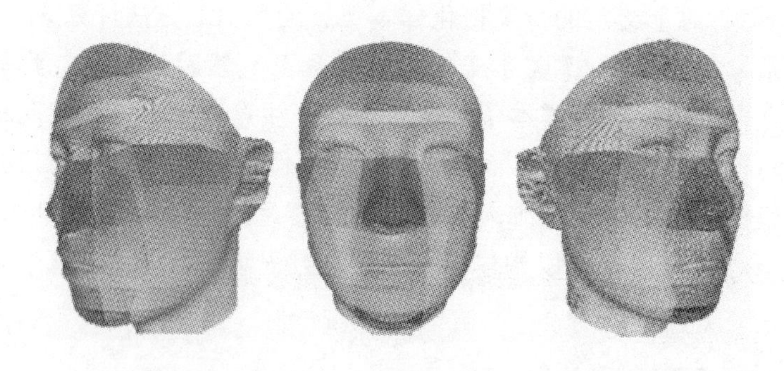

图 2-19　平均脸样本

为了便于操作，将使用组合模型构建的样本看作模板样本，将待规格化人脸样本看作目标样本。在进行样本规格化之前需要对模板样本进行变形，使得模板样本与目标样本按关键特征点对齐。这样做是为了给ICP算法提供一个好的计算前提，使得模板样本与目标样本之间的对应关系计算更加准确。为了保证关键特征点对齐的准确性，使用手工标定的方式在模板人脸和目标人脸上进行关键特征点标记，包括鼻尖、眼角、额头、下巴等点。这些被标记的特征点是一一对应的。如图2－20所示，面部的黑色点集为标定的特征点。

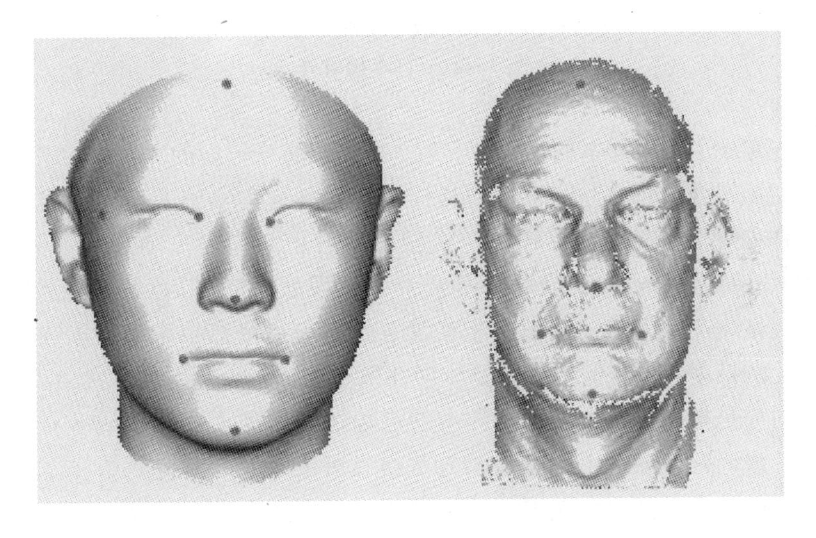

图2－20　特征点标记

在完成了特征点标记的工作之后，就可以对模板样本进行变形，使得变形后的模板样本与目标样本按标记特征点严格对齐。在进行规格化之前首先使用薄板样条函数对模板人脸样本实施一次非刚性形变，使得变形后的模板样本与目标样本在标记点位置是严格对齐的。如图2－21所示，经过TPS变化后的模板样本在尺度和轮廓上都与目标样本较为相似。其中图2－21（a）为变形后的模板样本，图2－21（b）为目标人脸。这样做是因为薄板样条函数具有很强的变形能力，因此根据特征点的对应关系对模板样本进行一次变形，可以大大提高初始模板样本与目标样本的对齐程度。

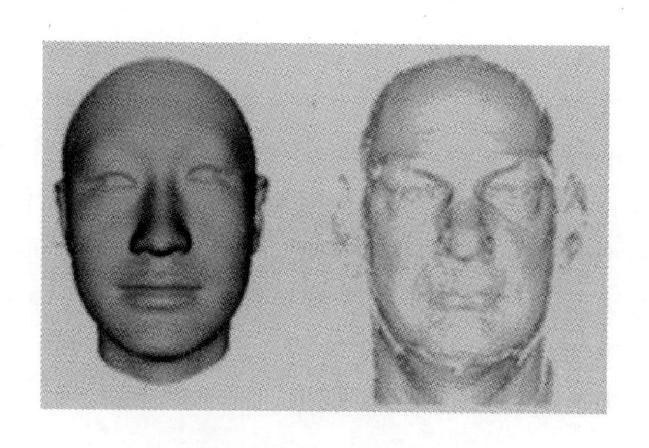

（a）变形后模板样本（b）目标样本

图 2－21 样本预对齐

在完成了模板样本的初次变形后，就可以将变形后的样本作为组合模型的初始组合结果，并基于该模板样本对目标样本实施基于组合模型匹配的样本规格化。当目标样本与模板样本的信息包含范围有所不同时，使用 ICP 算法进行对应点计算时会产生一些误配现象。误匹配点会造成数据的规格化产生误差，从而对于正常点的对应结果产生影响，影响样本规格化的精度。误匹配问题主要体现在两个方面：重复对应和无效对应。重复对应是指模板样本与目标样本的点集之间出现了一对多或多对一的情况，该问题可以采用标志位的方法得以解决。无效对应是指样本间不同特征的点建立了对应关系，该问题则根据样本点的分布情况解决。具体来说，就是对于模板样本 F_1 和目标样本 F_2 上的手工标定点集 $P = \{p_i \mid i = 1,...,N_0\}$ 和 $Q = \{q_i \mid i = 1,...,N_0\}$，$N_0$ 是标定点的个数，首先计算对应点间距离的平均值，即 $S = \frac{1}{N_0}\sum_{i=1}^{N_0} \| (p_i, q_i) \|$，然后计算对应点间距离的标准差，即 $V = \frac{1}{N_0}\sum_{i=1}^{N_0} | \| (p_i, q_i) \| - S |$。最后根据模板样本与目标样本对应点之间的距离判断该对应的有效性。根据三西格玛准则，当模板样本上的点与目标样本上对应点之间的距离大于 3.5V 时，即认为该对应是无效对应。在得到最终的模板变形结果与对应关系后，目标样本的规格化操作就可以根据这两个信息进行。在进行拓扑结构映射时，对于已建立对应关系的点，直接根据对应关系将模板样本点的索引信息赋予目标样本，对于没有建立对应关系的点则根据已有点集位置的插值信

息来获得，对于目标样本上没有建立对应关系的冗余点集，则直接做抛弃处理。基于以上过程就可以完成对三维人脸样本的规格化处理。

第四节　实验结果和分析

为了验证提出的样本规格化方法的有效性，分别在 BJUT－3D 人脸数据库、FRGC－3D 人脸数据库上进行了样本规格化实验。BJUT－3D 人脸数据库是北京工业大学多媒体实验室于2005 年在国际会议 ICCV 上正式发布的，该数据库是目前最大的中国人三维人脸数据库。FRGC－3D 人脸数据库是目前应用最为广泛的三维人脸数据库。

首先基于 BJUT－3D 人脸数据库进行样本规格化实验，分别采用网格重采样方法和组合模型匹配方法对初始样本进行规格化实验。图 2－22 为采用以上两种方法得到的三维人脸样本规格化结果。图 2－22（a）为采用网格重采样方法得到的规格化结果。图 2－22（b）为采用统计模型匹配得到的规格化结果。

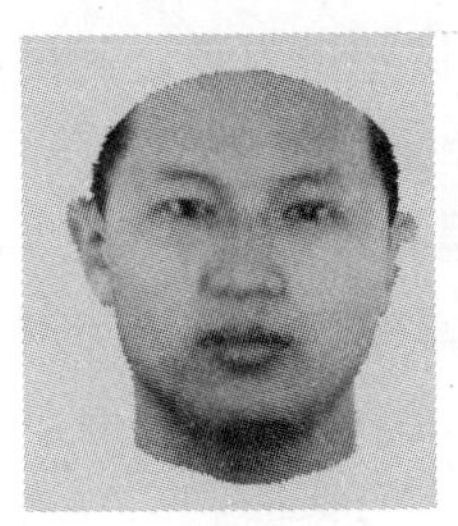
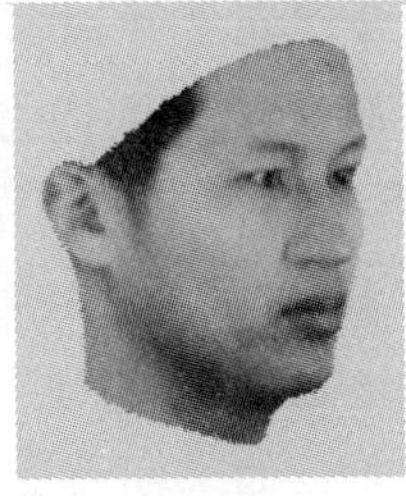
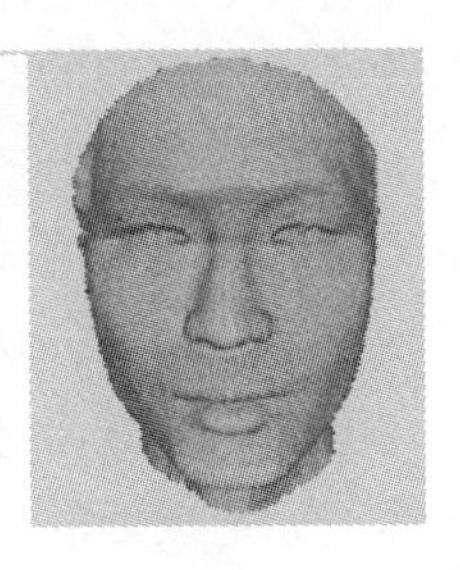

（a）均匀网格重采样算法计算得到的结果

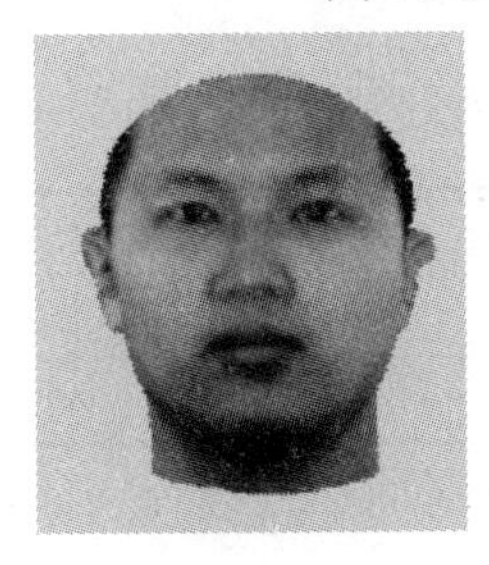
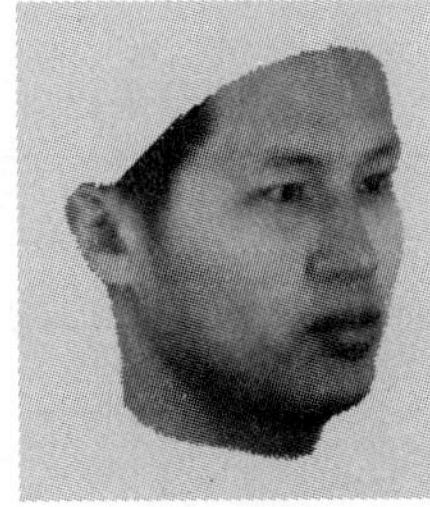
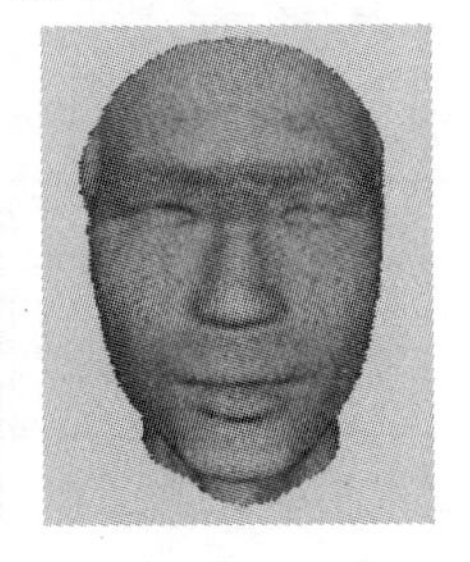

（b）统计模型匹配得到的结果

图 2－22　BJUT－3D 样本规格化结果

三维人脸样本包含两部分信息，即纹理信息和形状信息，其中纹理信息对视觉影响比较重要。因此从纹理图上看，带纹理的三维人脸样本之间差异不明显，但是几何信息上的差异就比较明显了。如图2－22所示，采用网格重采样方法得到的规格化样本的区块效果非常明显，而且在块与块的边界处面片的折叠现象非常明显。这是因为网格重采样方法在进行曲面重构的时候是以片为单位进行的，针对各个片的重采样操作是相互独立的。由于缺少边界处的约束和片之间重采样的信息交互，使得重采样后的样本在边界处的面片折叠现象非常明显。与网格采样方法相比，基于组合模型匹配的规格化样本不仅保持了曲面原有特征，还保证了样本曲面的连续性和一致性，样本中没有面片折叠、面片翻转等现象。无论从主观效果上看，还是从实用性应用的角度看，基于组合模型匹配的规格化方法得到的规格化样本结果效果都很好。

为了对规格化结果进行进一步的验证，根据样本之间对应点的平均距离来度量规格化的效果。由于规格化样本与初始样本之间存在的信息量和信息结构上的差异，直接度量两个样本之间的差距是不可行的。因此我们首先通过手工标记的方式得到规格化样本与初始样本上的关键特征点，以及这些点之间的对应关系，并根据这些对应点之间的平均距离来度量样本规格化效果。实验采用的关键特征点主要包括鼻尖、眼角、嘴角等位置的点，共采用20个特征点进行误差计算。表2－1即为采用该方法得到的度量结果，从表中可以看出本章提出的方法与网格重采样方法相比在配准精度方面有一定的提高，但是结果并不显著。这是因为我们只计算了标定点处的误差，如果标记更多的特征点，方法的优越性会得到进一步的体现。

表2－1　**样本配准结果比较**

人脸样本	新算法的匹配误差	传统算法的配准误差
I	0.236	0.252
II	0.306	0.301

为了进一步验证算法的有效性，还对FRGC－3D人脸数据库中的样本进行了规格化处理，但是这个数据库的样本都存在严重的信息缺失，因此不能采用网格重采样方法对样本进行规格化，直接采用模型匹配的

方法对该数据库中的样本进行规格化实验。

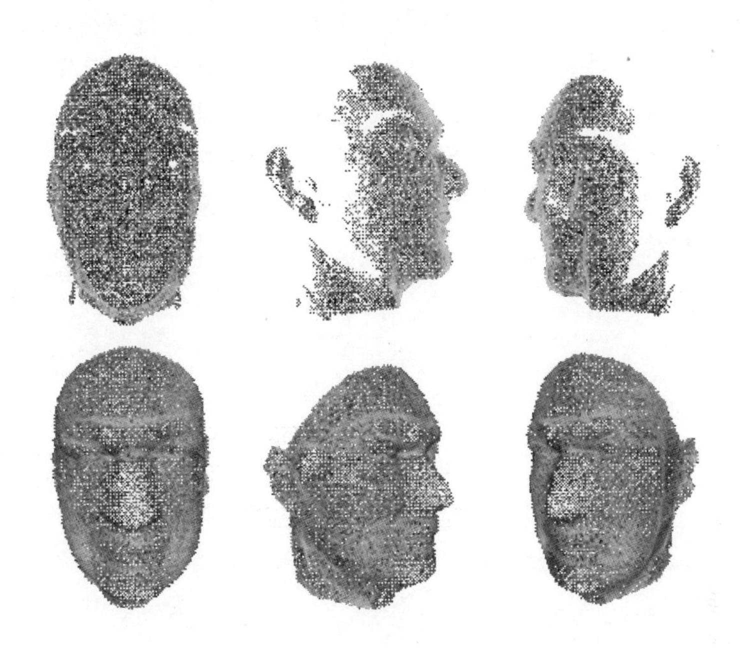

图 2－23　FRGC－3D 样本规格化结果

FRGC－3D 数据库中的样本是由深度信息组成的 2.5 维样本。如图 2－23 中所示，图中第一行是 FRGC－3D 中的原型样本，第二行是使用提出的样本规格化方法得到的规格化样本。从图中可以看出，规格化后的模板人脸与目标人脸相比不但保持了样本的特征信息，并且将样本中的缺失信息补充完整。

以上实验表明，虽然使用提出的组合模型匹配的样本规格化方法达到了比较好的规格化效果，但是使用该算法得到的规格化样本在细节信息的保持上仍然不足，因此下一步的样本规格化研究需要更加关注细节信息的保持方面。

建立规格化三维人脸样本集是进行三维人脸建模研究的关键前提。由于建库方法和采集方法的不同，不同来源的三维人脸样本在拓扑结构、数据形式、信息含量上有着很大的差异。为了实现不同人脸样本之间的线性运算，需要对初始三维人脸样本进行规格化，使得这些样本具有相同的点面信息和拓扑结构，并可以使用统一的向量形式进行表示。

在回顾已有的样本规格化方法的基础之上，提出了基于组合模型匹配的样本规格化方法。该方法首先使用手工的方式建立一批高精度的规格化样本，并基于这些样本建立三维人脸的组合模型。在进行样本规格化时，通过将该模型与目标样本进行匹配的方式实现样本的规格化。实验结果表明，本书提出的样本规格化方法不但能够对一般样本进行规格化，还能够对存在信息缺失的样本进行规格化，并且不会由于过匹配造成样本规格化不成功。

第三章 基于遗传算法的三维人脸样本扩充

第一节 引言

三维人脸数据库是三维人脸研究进行算法设计和模型训练不可缺少的数据资源。数据库中样本的规模、样本的覆盖范围在很大程度上影响着算法的泛化能力。因此，建立完备的三维人脸数据库，为三维人脸建模研究提供模型训练、算法测试与性能比较的数据平台具有重要的意义。目前的三维人脸数据库都是基于专业的数据采集设备和复杂的数据处理过程建立的，这是一个费时费力的过程。而且受样本来源的限制，这些三维人脸数据库规模都比较小，样本类型也较少。为了解决三维人脸样本不足的问题，在深入分析三维人脸样本结构的基础之上，针对人脸样本自身的特性，提出了一种基于遗传算法（Genetic Algorithm，GA）[88-93]的三维人脸样本扩充方法。该扩充方法以现有三维人脸样本集为基础，通过对样本实施选择、交叉、变异等遗传操作来生成虚拟三维人脸样本，从而实现对现有样本集的扩充。在交叉操作过程中，为了使新生成的虚拟样本满足人脸的约束，对参与交叉的区域与其所对应的目标区域进行了缝合计算，使得经过交叉运算获得的虚拟三维人脸更具真实感，而且不会出现非人脸样本。与基于设备扫描的样本获取方式相比，基于遗传算法的样本扩充方法显然是一个经济高效的途径。

首先分析了三维人脸样本的结构特性和特征分布，然后详细描述了基于遗传算法的三维人脸样本扩充方法，并在样本交叉操作中提出了适用于三维人脸样本的区域缝合方法。最后给出了虚拟人脸样本的生成结果与样本扩充的效果，并基于若干实验对三维人脸样本集的扩充效果进行评价和分析。

第二节 基于遗传算法的三维人脸样本扩充

基于遗传算法的三维人脸样本扩充方法是通过将不同人脸的特征区域组合在一起的方式合成新的三维人脸样本。由于这些样本都是通过算法合成的，所以它们在现实世界中是没有对应原型对象的虚拟样本。与基于设备扫描的获取方式相比，基于算法合成的获取方式具有操作简便、经济高效的特性。

目前基于虚拟样本生成方式的扩充工作主要集中在二维人脸样本领域。比较有代表性的是 Torre[94]、Chen Jie[95]、Umar Mohammed[96] 等的工作。Torre 等通过将不同饰物与现有人脸图像相结合的方式构建新的人脸图像；Chen Jie 等使用图像对应区域交换的方式构建新的三维人脸样本；Umar Mohammed 等使用纹理拼接的方法构建虚拟的二维人脸图像；这些方法都是基于算法合成的方式来构建人脸样本，从而达到样本扩充的目的。遗传算法是一种群体智能算法，它源于自然界的生物进化过程，通过模拟自然界中生物进化时发生的自然选择、交叉、变异等过程来搜索问题的最优解。在搜索过程中，首先通过选择操作确定将要相互交换基因的个体，然后使用交叉和变异等遗传操作产生下一代个体，最后通过适应度评价函数来计算每个个体所代表解的优劣。

人脸样本的器官区域分布是稳定的，如果将每个三维人脸样本看作遗传算法中参与进化运算的个体，在进行交叉操作时交换个体间对应位置的器官就可以产生新的个体，也就是新的三维人脸样本。基于上述思想，提出了基于遗传算法的样本扩充方法，该算法在遗传算法的框架下，以面部器官为单位将人脸划分成若干个区域，所有区域组成一个人脸个体，通过设计相应的遗传算子运算规则，使人脸个体进化产生新的三维人脸样本。由于每进化一次都可以产生一代新的个体，经历数代进化就可以产生大量的新生样本。为了使生成的样本不拘泥于现有的样本库，进化过程中小概率地实施变异操作对样本进行变化，以保证个体涵盖的变化范围。所以使用基于遗传算法的样本扩充方法可以大规模、多样化地进行样本扩充工作。

下图是基于遗传算法的三维人脸样本扩充的流程图：首先对初始三维人脸样本集进行规格化处理，使得规格化后的样本实现样本间的稠密对应，并按照面部器官区域的分布对所有样本进行区域划分。然后将所有的三维人脸样本看作遗传算法的初始种群，并对每个人脸个体进行编码。最后对这些个体实施选择、交叉、变异等遗传操作来获得大量的新生样本。对每次进化所产生的新个体进行适应度评价，适应度高的个体将有较大的机会进入下一代的进化操作，适应度低的个体将拥有较小的机会进入下一代的进化操作。与传统的选择操作不同，适应度低的个体将不会被抛弃。这是因为样本扩充的目的是增加样本数量，所以适应度低的个体需要被保留下来。所有被保留下来的新个体和初始种群共同构成下一次进化的初始种群。

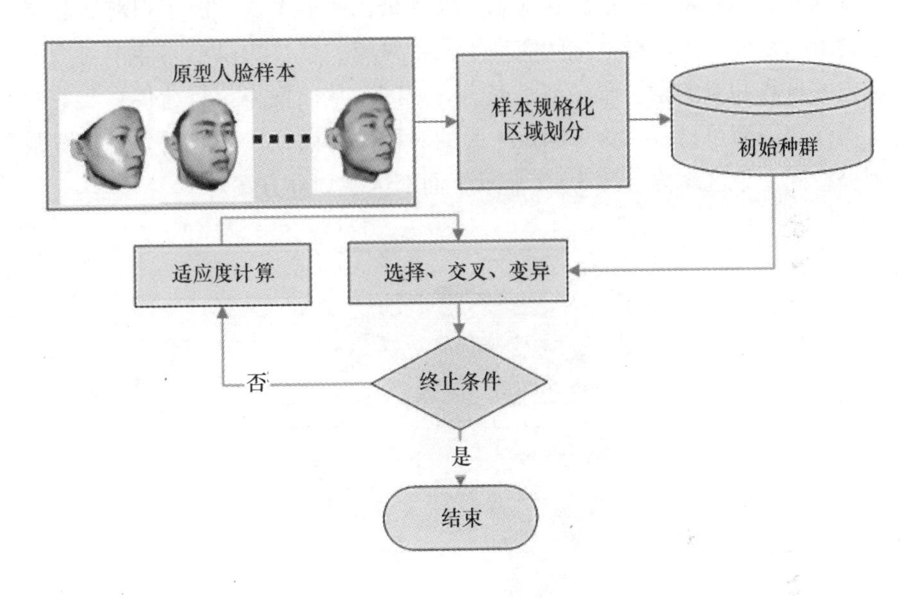

图3－1　算法流程图

一　编码方式

使用遗传算法进行问题求解的首要工作是对个体进行编码，常用的编码方式有二进制编码和浮点数编码。二进制编码方式使用一个二进制向量来表示参与遗传运算的个体，向量的长度依赖于求解的精度。使用二进制编码方式需要对连续问题进行量化，从而使得基于该方式编码的个体精度降低。浮点数编码方式使用一个浮点数向量来表示个体的值，向量的长度等于解向量的长度。使用该方式对个体进行编码可以大大增加空间的搜索范围，增强算法的全局搜索能力，使得基于遗传算法得到的最优解不易陷入局部极值点。三维人脸样本扩充工作是为了解决现有样本集的数量不足、变化范围有限的问题，浮点数编码方式适合于针对样本扩充的应用目的。

使用遗传算法产生新的三维人脸样本时，需要首先确定对应样本之间需要交换的器官区域，然后使用交叉操作在任意两对样本之间交换该器官。为了便于区域选择的操作，对人脸样本按器官分布进行了统一区域划分。基于第二章的工作，我们对所有的人脸样本进行了规格化，使得所有样本实现了基于特征的稠密对应。因此首先对某一特定的规格化样本进行区域划分，然后将划分信息映射到其他规格化样本上，从而实现对所有样本的统一划分。由于样本之间实现了稠密对应关系，所以不同样本对应区域内的点数和点的索引顺序都是完全一致的，从而使得执行遗传算法的交叉操作变得简单易行。为了满足人脸的对称性约束，在区域划分时将双眼划分在同一个区域内。图 3－2 显示了面部区域划分方案。

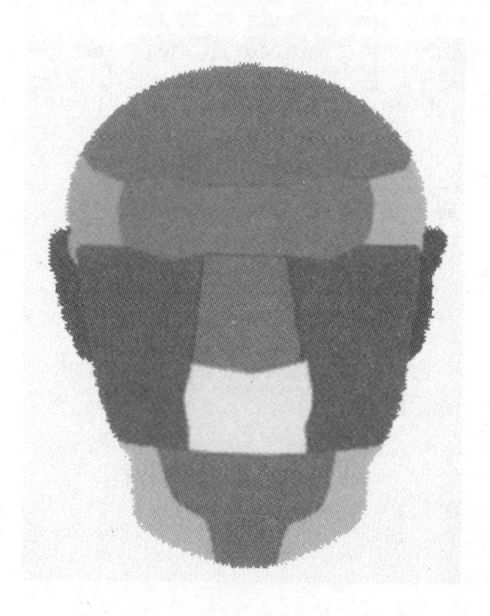

图 3－2　基于特征区域划分

从该图中可以看出，在区域划分后的三维人脸样本上，所有的器官都被单独划分入某个区域内。在个体编码的过程中，将样本的区域划分信息加入个体编码当中，即将样本各区域点的几何与纹理信息值作为该样本编码后字符串的基因值，每个区域由区域内点的基因值进行表示，每个个体通过串联各个区域的信息进行表示，具体的编码方式如下所示：

$$X = (x_{1_1}, \cdots, x_{1_s}, \cdots, x_{i_1}, \cdots, x_{i_s}, \cdots, x_{i_j}, \cdots, x_{t_1}, \cdots, x_{t_s}) \quad (3-1)$$

式中 t 表示样本中包含的区域数量，s 表示每个区域内包含的点数，i_j 表示第 i 个区域内第 j 个点，x 表示该点的几何信息和纹理信息，$x_{is} = (p_{is、x}, p_{is、y}, P_{is、z}, T_{ts、r}, T_{is、g}, T_{is、b})$ 即 $x = (x, y, z, r, g, b)$。特征区域交叉操作正是基于这种编码得以实施的。

二　适应度函数

个体适应度的评价标准决定了遗传算法的进化搜索方向。三维人脸样本扩充的目的是为了丰富人脸样本个数和增加样本空间的多样性，样本的多样性是指新构建的样本与已有样本之间的差异。显然经过进化操作后，三维人脸样本的数量一定会增加，因此样本的适应度评价函数用新产生的样本与已有样本之间的差异性来度量。样本之间的差异用新生样本与已有样本之间的欧氏距离的最小值来计算。新样本与已有样本的差异越大，样本的适应度值就越大，反之适应度越小。结合以上分析，三维人脸样本的适应度可以根据以下的适应度函数进行计算：

$$f(x) = \min_i dis(x, x_i) \quad x_i \in \Omega \quad (3-2)$$

式中 f 表示样本的适应度函数，$dis(x, x_i)$ 表示样本 x 与 x_i 之间的欧氏距离，Ω 表示父代样本集。适应度大的个体将拥有更多的机会作为下一代进化的父代种群。

三　选择操作

选择操作是从当前代的种群和新生样本中依据个体适应度的大小确定参与下一代进化的个体。目前常用的选择方法有轮盘赌方法（Roulette Wheel Selection）、锦标赛选择法（Tournament Selection）和繁殖池选择法（Breeding Pool）。依据生物进化过程中优胜劣汰、适者生存的原则，通常定义个体适应度大小与其进入下一代继续繁殖的机会成正比，适应度大的个体会有较大的机会进入下一代，适应度较低的个体将会由于没有进入下一代而被淘汰。三维人脸样本扩充的目的是增加样本的数量和扩大样本的变化范围。因此对于适应度较低的个体不做淘汰处理，而是将它们保留下来以便于迅速地对当前样本集实现扩充。但是样本扩充的多样性要求使得我们不能只关注那些适应度高的个体，当它们的进化方向比较集中时会使得多样性要求难以得到保证。轮盘赌算法是一种有退还的随机选择算法，因此我们在选择操作过程中采用轮盘赌方法进行样本选择。

假设初始三维人脸样本的规模为 N ，即遗传算法的初始种群中有 N 个个体，这些个体及其适应度被表示为 F_i 。在进行选择操作之前，首先计算出所有个体的适应度之和 S ，然后产生一个 $[0,S]$ 之间的随机数 r 。在进行个体选择时，从编号为 1 的个体开始，将其适应度与后继个体的适应度相加，直到 $\sum_{k=1}^{i} F_k \geq r$ 时停止。轮盘赌的选择结果是返回一个随机选择的个体，尽管选择过程是随机的，但是每个个体被选择的机会与其适应度成正比关系。由于选择的随机性，群体中适应度较差的个体也有可能被选中，这样就保证整个种群不会向单一的方向进化。

四　交叉操作

交叉操作是遗传算法中用以产生新个体的重要操作。所谓交叉操作就是通过将两个父代个体的部分结构加以替换和重组来产生新的个体。常用的交叉算子包括：单点交叉、双点交叉、均匀交叉、算术交叉。单点交叉是指在实施交叉运算之前首先随机设置一个交叉点，然后交换自该点之后的基因。双点交叉是指在交叉之前随机设置两个交叉点，然后将位于这两个点之间的基因进行交换。均匀交叉是指对这两个个体中的每一个基因都以相同的概率进行交叉。算术交叉是指根据个体间对应基因的线性组合来产生新个体。交叉算子的选择与遗传算法的优化目标密切相关。希望通过交换样本之间的某些特征区域来产生新的样本，因此双点交叉方式成为本次遗传算法执行的最佳选择。

使用特征区域交换的方式来产生新样本的思想源自二维虚拟样本的合成方法。Efros 和 FreeMan[97]提出了一种基于图像拼接的虚拟图像合成方法。该方法首先根据一幅给定图像的子图建立纹理片段库，所有的子图拥有相同的尺度。然后在构建新图像时，通过从纹理库中选择和拼接合适的纹理片段来合成新的纹理图像。纹理片段的选择按照从上至下，从左至右的顺序进行。每次选取新的纹理片段时都要求当前被选取片段要与已有片段在边界处保持连续性。图 3 –3 给出了基于图像拼接方法得到的虚拟图像。小图是给定的图像，大图是根据小图的纹理片段合成的虚拟图像。

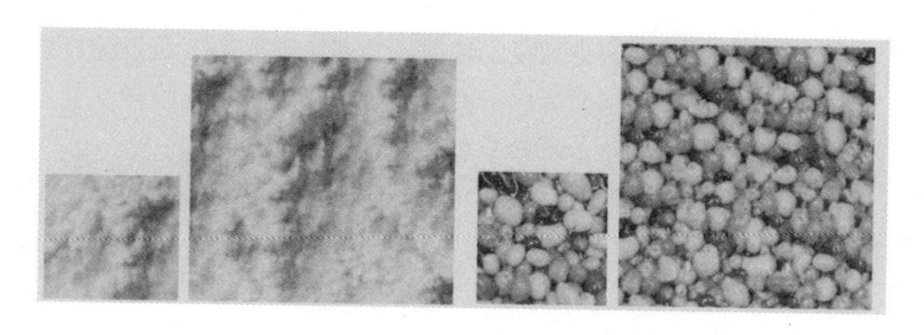

图 3 –3　图像拼接

2009 年，Umar Mohammed[96]基于 Efros 和 FreeMan 的方法提出了虚拟人脸图像的合成方法。该方法首先采用均匀划分的方式将每张人脸图像划分成 9 ×9 的子区域，然后在每个区域的对应位置建立一个纹理库，库中的元素为所有样本在该区域的子图。每次构建虚拟人脸图像时，通过将从各个子区域的纹理库中选出的纹理片段组合在一起来生成新的人脸图像。在进行片段选择时，首先选择左上角区域的纹理片段，然后按照从上至下，从左至右的顺序选择其他区域的纹理片段。每个片段的选择标准与 Efros 和 FreeMan 方法的选择标准相同。为了使得各个片段之间能够无缝地融合在一起，Umar 使用梯度平均融合方法对片段间的重叠部分进行了平滑处理。从图 3 –4 中可以看出，使用 Umar 提出的方法生成的虚拟样本有很高的真实度。

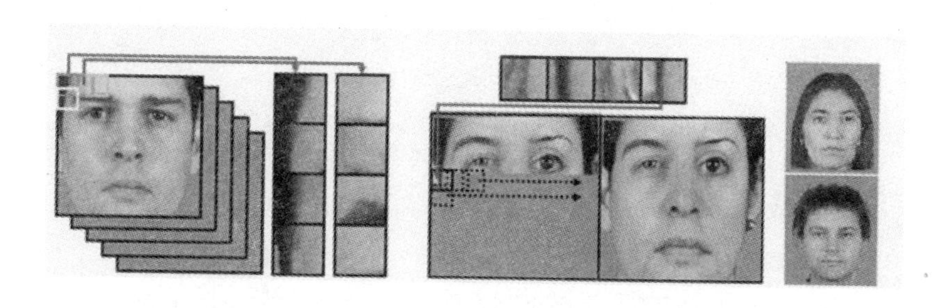

图 3 –4　基于图像拼接生成的虚拟二维人脸图像

样本交叉操作通过随机交换配对样本之间对应的特征区域来实现。在个体编码阶段，样本的分区信息已经被加入到个体的编码当中，样本的交叉操作就可以根据分区信息确定待交换的特征区域。为了保证新生成的样本不与现有的样本重叠，确定交换区域时都要求待交换的区域与目标样本没有隶属关系，也就是说该区域在初始种群中不是目标样本的组成部分。在确定了用于交叉的特征区域后，新的三维人脸样本就可以交换该特征区域来产生。

交叉操作通常是根据交叉概率 P_c 来确定待交叉的区域。假定参与交叉的两个个体为：

$$X_1 = (x_1^{(1)}, x_2^{(1)}, \cdots, x_t^{(1)}), \quad X_2 = (x_1^{(2)}, x_2^{(2)}, \cdots, x_t^{(2)}) \tag{3-3}$$

其中 x_i^j 表示第 j 个样本的第 i 个特征区域。r 表示 $(1, n)$ 区间服从均匀分布的随机变量。在进行交叉之前首先给定随机数 r 以确定待交叉的区域，然后通过交换这个区域以产生子代的个体，新生成的个体可以表示为：

$$X_1^r = (x_1^{(1)}, \cdots, x_r^{(2)}, \cdots, x_t^{(1)}), \quad X_2^r = (x_1^{(2)}, \cdots, x_r^{(1)}, \cdots, x_t^{(2)}) \tag{3-4}$$

由于三维人脸样本之间的尺度和形状存在较大的差异，使得被交换的区域与目标样本之间并不能很好地融合在一起，二者在边界处存在间断和不连续的问题。为了保证使用交叉操作产生的新样本满足连续性约束，对交换后产生的新个体实施了缝合操作，使得交换后的特征区域与目标样本可以很好地融合在一起。三维人脸样本包含几何和纹理两个部分信息，在进行缝合操作时需要分别对几何信息与纹理信息进行处理。

（一）几何缝合

令 S 表示参与交换的特征区域，T 表示 S 被换入的目标样本。要做的工作就是要解决特征区域 S 与目标样本 T 的缝合问题，该问题实质上是一个曲面编辑工作，就是根据 S 和 T 在边界处的差异对二者进行变形，使得它们的对应边界点拥有相同的坐标信息。目前最常用的曲面变形方法有薄板样条函数法、拉普拉斯变形法和泊松方程变形法。薄板样条函数[84]是 Duchon 于 1976 年提出的，它能够在能量最小意义下根据特征点的移动对曲面进行全局非刚性变化，使得变形后的曲面特征点变换到指定位置，曲面上其他的点依照自身与特征点的距离进行连续的变化。拉普拉斯变形是 Yaron Lipman[98]等人于2004 年提出的，该方法首先使用微分坐标算子对曲面上点的邻接关系进行描述，然后根据曲面上特征点的运动信息构建曲面变形的拉普拉斯方程，通过对该方程的求解来获得曲面上非特征结点的变形后位置。泊松方程方法是浙江大学的 YuYizhou[98]等人提出的，该方法根据曲面边界的初始位置与目标位置的残差构建泊松方程，通过求解该方程获取曲面内的点变形后的位置。拉普拉斯变形法和泊松方程变形法都是基于差分方法进行的，这两种变形方法的基本思想都是将特征点的位置变化量根据曲面上点的差分关系进行传递，使用这类方法得到的变形结果可以在曲面细节特征上得到很好地保持，但是对全局特征缺少约束，并且不能得到曲面的平移和仿射变换信息。薄板样条函数（Thin Plate Spline，TPS）[83]不但能够得到曲面的非刚性变换信息，还能够得到曲面的平移信息与仿射变换信息。为了保证特征曲面 S 和目标样本 T 缝合后不但能在边界点保持连续，还能在曲面朝向、尺度上保持连续，采用薄板样条函数作为特征曲面 S 和目标样本 T 缝合的基础。

在对特征区域与目标样本进行缝合之前，首先需要确定二者的对应边界点信息。由于所有参与扩充运算的人脸样本都是规格化样本，所以特征区域与目标样本的边界点信息可以根据样本的分区信息确定。令 $U=(u_1,u_2,\cdots,u_m)^T$ 和 $V=(v_1,v_2,\cdots,v_m)^T$ 分别表示 S 和 T 的边界点集，u_k 和 v_k 表示第 k 对对应点。对 S 和 T 进行缝合要求变形后的 S 和 T 的对应边界点拥有相同的坐标位置，曲面内的其他点则根据边界点的运动信息进行平滑的运动。因此二者变形后的边界位置选择是一个非常重要的问题。通常在计算曲面缝合的边界位置时都是以其中一个曲面的边界为标准，对另一个曲面进行变形。为了保证重组后的样本在几何上保持人脸的一致性约束，以目标样本 T 上对应特征区域的边界为标准，对特征区域 S 实施变形。S 的变形函数根据边界点集 U 和 V 的对应关系来计算，该函数的计算公式为：

$$F(u)=c+A\cdot u+W^Ts(u) \tag{3-5}$$

其中 $u\in u$，c、A 和 W 是 TPS 的参数，$s(u)=(\sigma(u-u_1),\sigma(u-u_2),\cdots,\sigma(u-u_m))^T$，并且 $\sigma(r)=|r|$。在得到变形函数 F 后，特征区域 S 内的点就可以根据该函数 F 计算出变形后的位置，变形后的 S 的边界点与目标样本 T 的对应区域的边界点具有相同的坐标信息，S 内的

点根据边界点变化值和其与所有边界点的距离进行变化。TPS 方法在区域预对齐时变形效果更好，因此在进行曲面缝合之前需要将特征曲面与目标人脸进行预对齐处理。将给定的特征曲面根据目标人脸进行旋转和平移，使得该曲面与目标人脸中的对应曲面实现大致对齐。

（二）纹理缝合

特征区域 S 与目标样本 T 的纹理缝合问题就是将 T 上与 S 对应区域的纹理替换为 S 上的纹理。在二维图像编辑领域，该操作被称为图像克隆，即将一个小图像与新的场景图像相融合。目前解决图像克隆问题的方法[99-103]大都是基于梯度信息展开的，其中最为经典的方法就是泊松方程克隆法，该方法首先根据原图像与场景图像在对应边界处的差构建一个线性方程组，然后通过求解该方程组来获得原图植入后的纹理值。使用这类方法得到的克隆结果具有很高的真实感，但它是基于二维图像展开的。基于曲面的纹理缝合与基于图像的纹理缝合差别在于曲面上点与点之间的邻接关系不再具有规则的二维网格关系，曲面上每个点的邻域数量和位置是不确定的，因此基于泊松方程的图像克隆方法不适用于曲面上的纹理缝合问题。三维人脸曲面上相邻点之间的距离越大对应纹理值的相似度就越小，反之亦然，根据这些特性提出了一种基于微分算子的三维纹理缝合方法，该方法全面考虑了曲面上纹理的特性。

为了描述曲面上纹理信息的局部结构关系，使用微分算子来描述曲面上点与点之间的纹理关系，并基于该算子给出了纹理缝合方法。设 $G=(V,\ E,\ T)$ 为一个三维曲面，V 表示构成曲面的点集，E 表示曲面的边集，T 表示顶点上的纹理值集合，t_i 表示第 i 个顶点的纹理值。由于相邻点之间的纹理值是相似的，因此可以认为曲面上当前点的纹理值与邻域点的纹理值具有线性关系，t_i 与邻接点的纹理值之间的关系可由下式近似表示：

$$t_i \approx \sum_{j \in \mathrm{supp}(i)} a_{ij} t_j \tag{3-6}$$

其中 $\mathrm{supp}(i)$ 表示与 i 相邻接的点，a_{ij} 表示 t_j 相对 t_i 的组合参数，a_{ij} 的计算公式为：

$$a_{ij} = \frac{d_{ij}}{\sum_j d_{ij}} \tag{3-7}$$

d_{ij} 表示第 i 点和第 j 点之间的距离。曲面上纹理点之间的局部结构关系可以根据当前点与邻域点纹理值线性组合的差来表示：

$$D(t_i) = t_i - \sum_{j \in (i,j) \in E} a_{ij} t_j = \delta_i \tag{3-8}$$

其中 δ_i 是描述曲面上纹理结构的微分算子。在进行纹理缝合时首先将新区域边界处的纹理值变为目标样本对应区域的边界值，边界处纹理值的变化量通过微分算子向纹理区域内部传递。令 G_S 表示器官的纹理区域，$G_T \in R^3$ 表示目标样本 T 上与 G_S 对应的纹理区域，新区域内点的纹理变化信息根据以下公式计算得来：

$$\min_t \iint_G \left| D(t) - \delta \right|^2 \quad with \quad \delta(t)\big|_{\partial G_S} = \delta^*(t)\big|_{\partial G_T} \tag{3-9}$$

其中 ∂G 表示 G 的边界点，δ 是引导向量，它从 G_S 中计算得来。由拉格朗日乘子法可知式（3－9）的离散解满足下面的线性方程：

$$t_i - \sum_{j \in N_i \cap G_S} a_{ij} t_j = \sum_{j \in N_i \cap \partial G_S} a_{ij} t_j^* + \delta_i \tag{3-10}$$

其中 t_j 表示新区域上第 j 点的纹理值，t_j^* 表示目标人脸上对应点的纹理值。式（3－10）的解 t_j 即为器官区域 G_S 上的纹理信息与目标样本 T 缝合后的结果。使用该方法进行纹理缝合的优点在于变换后的纹理值不但在边界处与目标样本平滑过渡，区域内部的纹理值仍保持了纹理原有的结构特性，并且曲面上纹理的变化是根据邻域点纹理值的变化量逐步进行的。如果采用传统的插值方法进行区域内的纹理变化，就可能因为边界处的某些点纹理变化过大而影响变化结果。

交叉后的样本如图 3－5 所示，该图所展示的交叉区域是在眼部区域。从图 3－5（b）中可以看出，新的器官区域都与目标样本无缝地拼合在一起。

五　变异操作

变异操作是遗传算法中的次要操作，它在恢复种群的多样性方面具有潜在的作用，其目的是为了改善算法的性能，避免算法的过早收敛。在生物的自然进化过程中，大量的新个体在基因突变的作用下得以产生。遗传算法的变异操作正是通过模拟进化中的基因突变过程而产生的。该操作按照一定的概率改变种群中某些个体的基因，从而维持种群的多样性和提高算法的全局搜索能力。使用变异操作不但可以产生种群中没有的新基因，还可以恢复在迭代过程中受到破坏的基因。

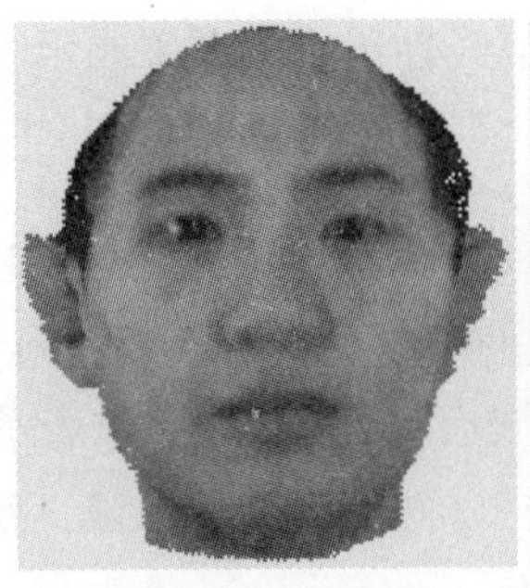
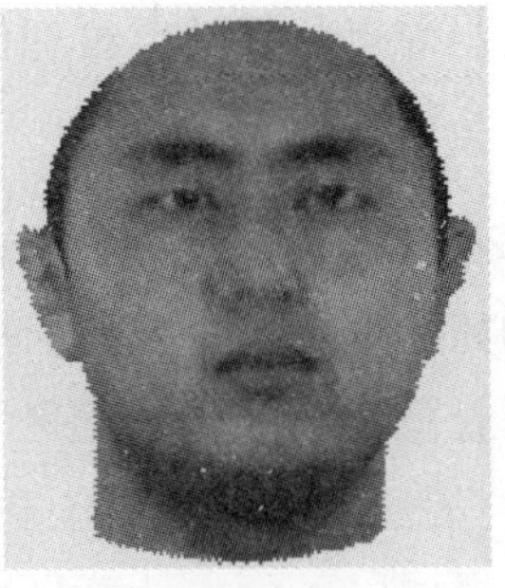

（a）交叉前样本

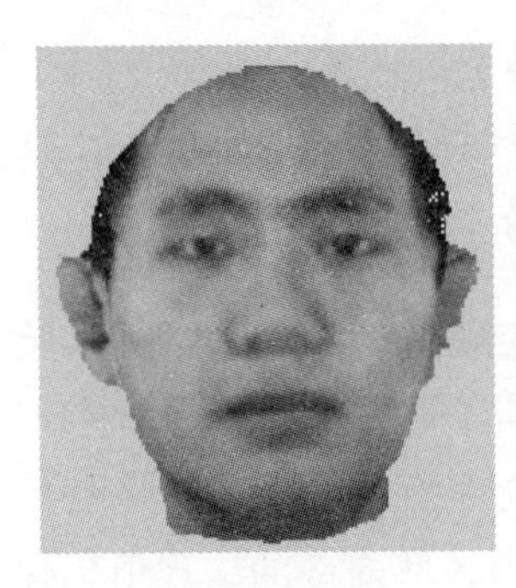
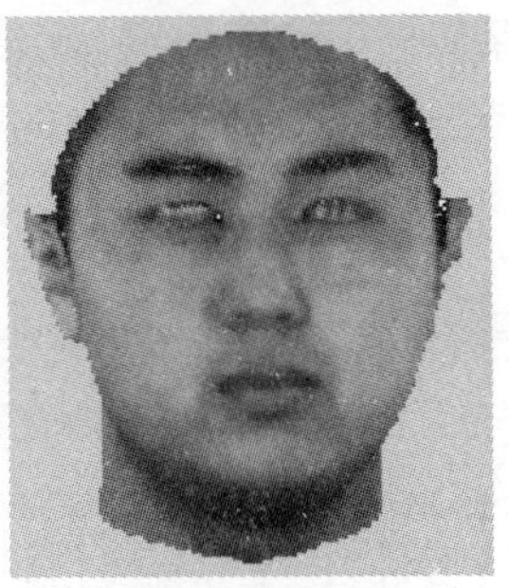

（b）交叉后样本

图3－5 交叉示意图

常用的变异算子包括基本位变异、均匀变异、边界变异和非均匀变异。基本位变异根据变异概率随机指定需要进行变异的基因，该变异算子只改变个体中个别基因，并且变异概率的取值也比较小，因此该算子的作用效果不是很明显。该算子主要适用于二进制编码个体。均匀变异算子根据变异概率随机指定一位或几位基因进行变异，它是一个特殊的基本位变异算子。均匀变异算子适用于浮点数编码个体，它能够使新生个体分布在整个搜索空间上。边界变异算子是一种特殊的均匀变异算子，它通常将待变异的基因取值为该基因的取值边界。这样做的原因是许多约束优化的最优值往往在边界上。非均匀变异算子对所选基因进行小范围变化，该算子适用于浮点数编码系统。非均匀变异算子在遗传算法运行初期，可以使得种群个体在整个空间中自由移动。在计算后期，它可以使个体的搜索范围局限在个体局部邻域内。个体编码方式采用浮点数编码方式，因此采用非均匀变异算子对个体实施变异。首先设定一个取值较小的变异概率 P_m ，假设参与执行变异运算的个体为：

$X = (x_1, x_2, \cdots, x_k, \cdots, x_n)$

非均匀变异算子根据概率 P_m 随机选择第 k 个基因进行变异，变异后产生的新个体表示为：

$X' = (x_1, x_2, \cdots, x_k', \cdots, x_n)$

为了保证变异后的样本在几何与纹理信息均满足人脸的平滑性约束条件，将被选中的基因看作是特征基因，未被选中的基因看作是非特征基因。在变异时根据特征基因的变化量对非特征基因进行相应的插值变化。该变化是在能量最小意义下进行的，能量最小是指变化后样本上曲面能够尽量保持平滑。假设个体上发生变异的基因为 p_i ，则这些基因的基因值变异大小为：

$$\Delta f(p_i) = f(p_i)' - f(p_i) \quad (0 \leqslant i < N) \tag{3-11}$$

$\Delta f(p_i)$ 为特征基因的变化量，采用的插值函数为：

$$f(x) = \sum_{i=0}^{N-1} u_i \varphi(\| x - x_i \|) \quad (0 \leqslant i < N) \tag{3-12}$$

在式（3－12）中 $\varphi(r) = (r^k)\log r$ 。采用最小二乘法求解上面的等式即可求出插值函数的各个系数。插值函数构造成功后，每个个体的非特征基因都可以根据该插值函数进行变换。经过插值变换后的样本在连续性和一致性上都满足人脸的约束条件。

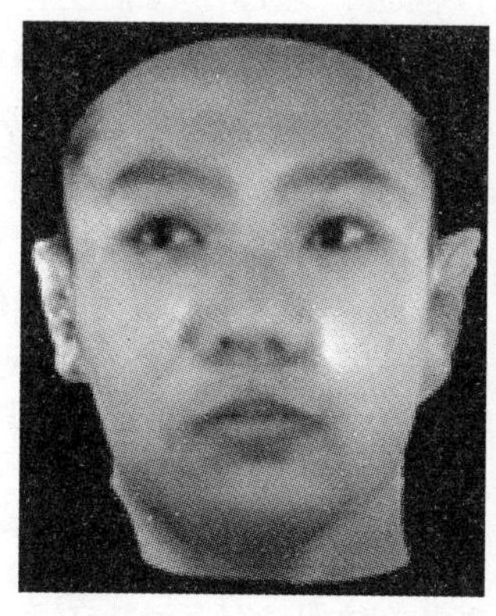
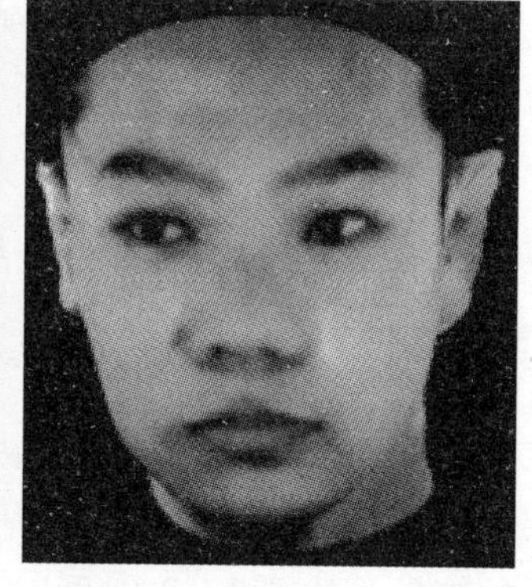

图3－6　样本变异示意图

第三节　实验结果

为了对提出的扩充方法性能进行评价，在扩充后的样本库和扩充前样本库上进行了三维人脸建模和三维人脸识别的实验，通过与基于扩充前样本库的实验结果进行比较来验证样本扩充的有效性。采用的三维人脸数据库为 BJUT－3D 三维人脸数据库，该数据库是目前国际上最大的中国人三维人脸数据库。该数据库包括 1200 名中国人的三维人脸数据，其中 500 人的数据对外公开发布，男女各 250 人，年龄分布在 16 岁到 49 岁之间，所有人脸样本均是中性表情。其中部分人脸有三个样本，以便于进行人脸识别研究。

一　三维人脸样本扩充结果

从现有人脸数据库中选择一定数量的原型人脸样本作为遗传算法实施的初始种群，然后根据适应度函数计算出初始种群中每个样本的适应度，并以此为基础确定种群进化的阈值。对于在进化过程当中新产生的三维人脸样本，首先使用适应度评价函数计算新个体的适应度，然后根据新样本的适应度来确定被保留的样本，并选择适应度满足要求的个体作为下一代进化的初始样本。每经过一次种群的进化操作都会产生大量的新生样本。由于用于扩充的初始样本有限，因此当进化操作进行到一定阶段时，新生的样本就无法对初始样本空间进行有效的扩充。在每完成一次进化操作后都会对扩充结果进行检验，通过比较新生样本的适应度与预先确定的阈值之间的差异来判断算法的收敛，若该差异的均值小于预定的阈值时就终止样本的扩充工作。在实验中初始样本数量为 500 人，经过大约 60 代的进化后，三维人脸样本扩充为 7000 人。为了对虚拟样本的生成原理予以说明，给出了基于器官重组的虚拟样本生成效果图。

下图中第一列是初始人脸样本，最后一列是器官重组后的三维人脸样本。该样本分别从第二列中提取眼睛、第三列中提取鼻子、第四列中提取嘴部区域，并用他们分别取代自身的眼睛、鼻子、嘴，从而得到器官重组后的结果。从图 3－7 中可以看出新产生的样本并不改变人脸结构的对称性，但是样本身份信息已经被彻底地改变了。图3－8是基于

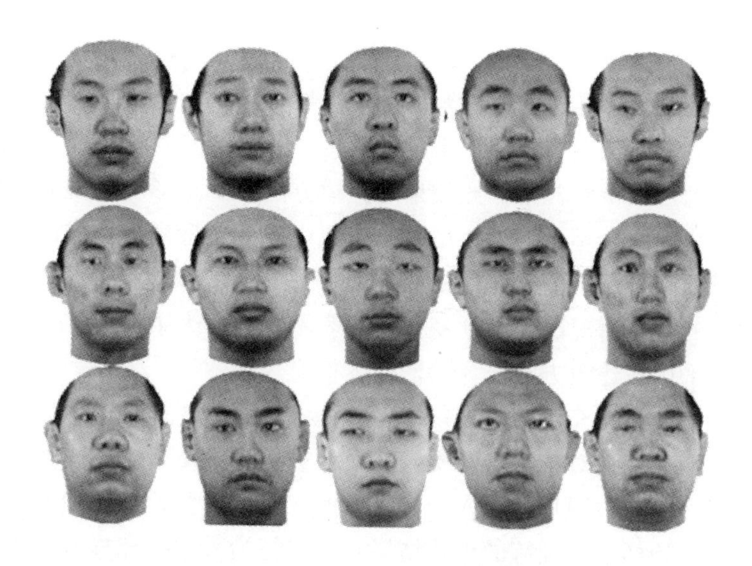

图3－7　基于器官重组构建的样本

遗传算法的样本生成结果，这些样本是经过60代进化后产生的样本，从图中可以看出新生成的三维人脸样本无论在几何上还是在纹理上都满足人脸的约束。

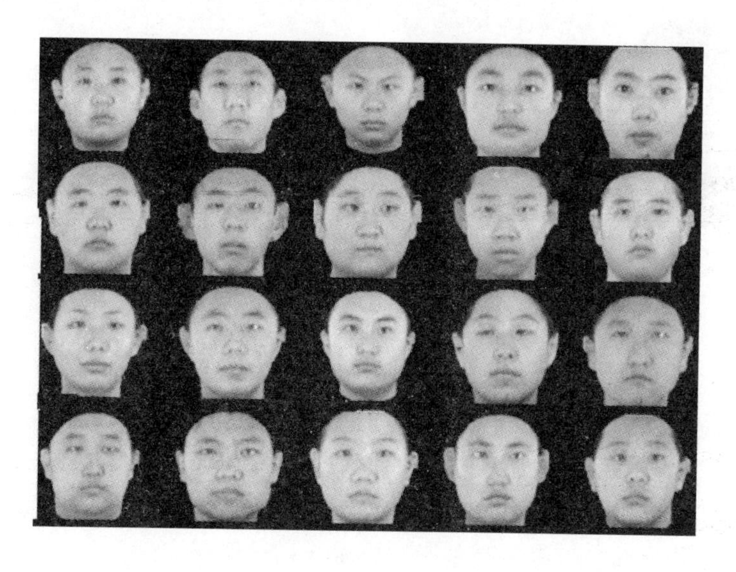

图3－8　基于遗传算法生成的样本

二　基于扩充样本的三维人脸建模结果

样本扩充方法主要是用于构建结构良好的三维人脸数据库，因此希望选用一种可以检验样本扩充效果的建模方法。基于形变模型的建模方法是一种线性组合理论，即使用一类对象中若干典型样本张成该类对象的一个子空间，用子空间基底的组合近似地表示该类对象的特定实例。训练样本的分布情况决定了形变模型的表示能力，为了验证扩充算法的有效性，采用该建模方法作为验证样本扩充效果的一个方法。首先分别在初始样本集和扩充后的样本集之上训练各自的形变模型。然后分别使用这两个形变模型对给定的二维人脸图像进行三维重建。建模的结果如下图所示：最左边图片为输入的特定人的二维人脸照片，图中右侧第一行为采用初始样本集训练的重建结果，第二行为采用扩充样本集的重建结果。

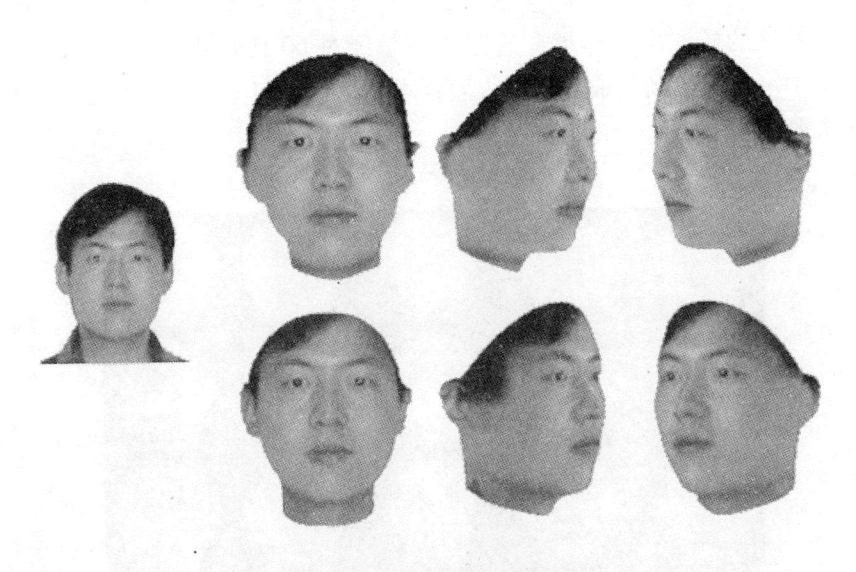

图3-9　三维人脸重建结果

为了能够进一步验证算法的有效性，将重建结果与目标的真实三维人脸样本作比较。该样本是基于三维激光扫描仪获取的，扫描后的样本同样按照第二章的方法进行了样本规格化，使得真实样本与重建样本具有相同的拓扑关系，并实现了基于特征的稠密对应。

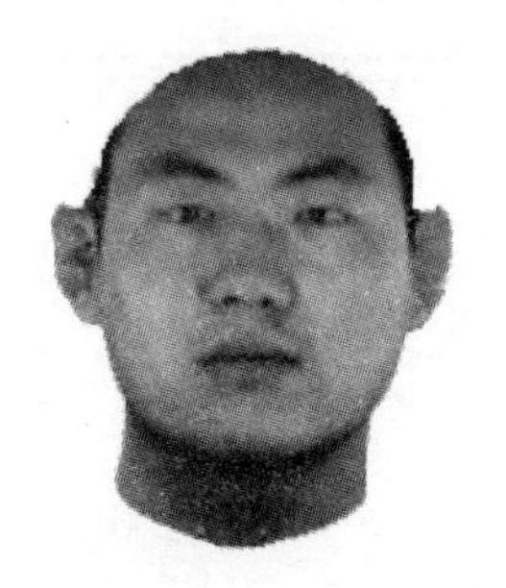 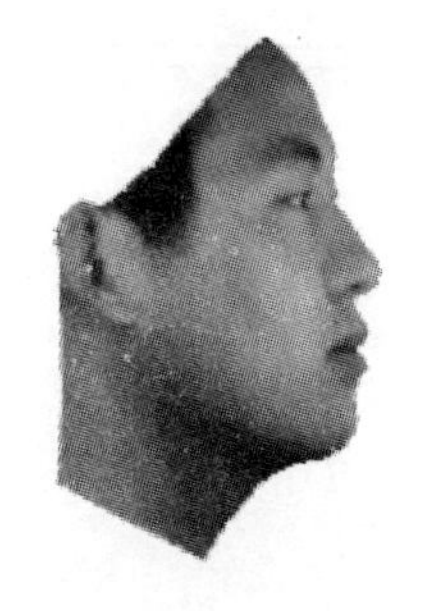 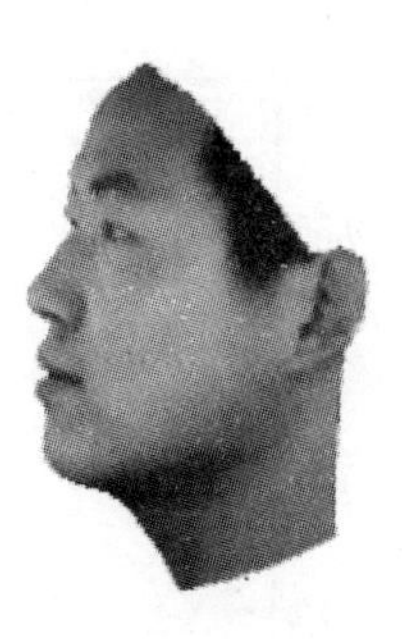

图 3－10　三维人脸扫描样本

考虑到真实三维人脸样本与重建三维人脸样本之间具有稠密对应关系，使用这两个样本对应点之间的误差进行重建精度度量。为了能够准确地反映模型的重建精度，采用相对误差来度量三维样本的重建精度，相对误差是指真实样本与重建样本在对应点处的误差与真实样本上该点幅值之间的比值。相对误差的具体计算公式由下式表示：

$$e = \frac{1}{n}\sum_{i=1}^{n}\frac{|D_s(i) - D_r(i)|}{|D_s(i)|} \tag{3-13}$$

其中 $D(i)$ 表示样本上第 i 个点到坐标原点的距离，$D_s(i)$ 和 $D_r(i)$ 分别表示真实样本和重建样本的信息，n 表示人脸样本包含的点数。图 3－11 显示了采用扩充样本集训练的形变模型的重建误差与采用扩充前样本集训练的模型的重建误差对比图。图中蓝色（彩图可见）曲线表示传统方法的重建误差，红色（彩图可见）曲线表示新方法的重建误差，横坐标表示三维人脸样本上每个点的索引值，纵坐标表示重建样本在每个索引点处与真实样本的相对误差。从图中可以看出基于扩充样本集训练的形变模型在各个顶点处的重建精度比扩充前的重建精度都要好。

三　基于扩充样本的三维人脸识别结果

根据人脸识别的效果对样本扩充的效果进行验证。由于虚拟样本没有身份信息，因此不能采用需要身份信息的识别方法进行验证。PCA 方法是一种基于子空间的人脸识别方法，该方法采用统计的方式在训练样本集上建立统计模型，并将所有的样本用模型的组合系数表示。训练样本集分布的情况直接决定了模型的表示能力，所以基于PCA的人脸识

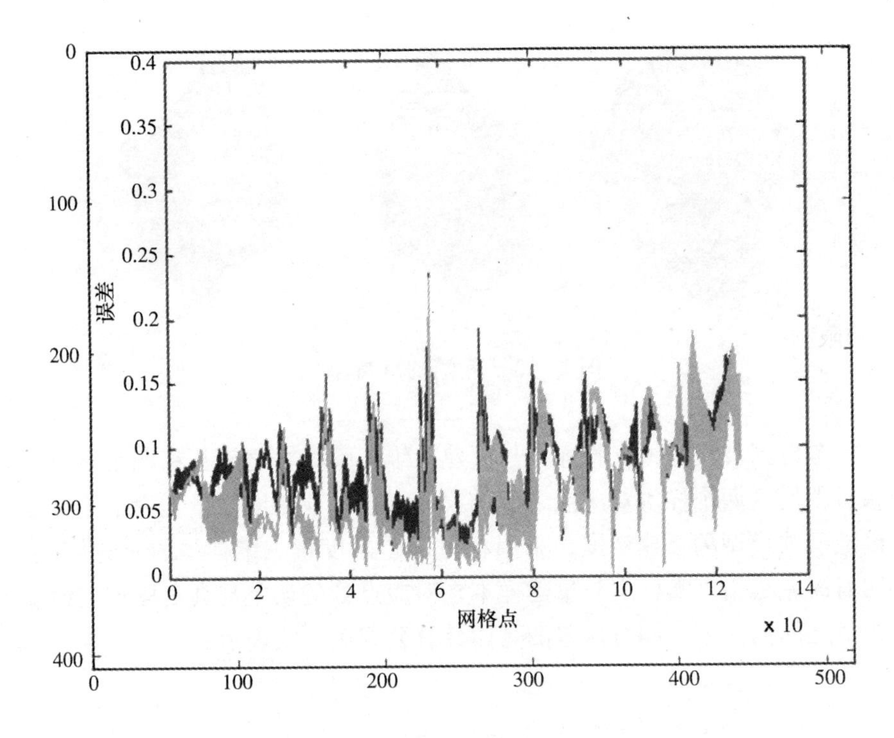

图3-11　三维人脸重建误差比较

别方法可以检验样本扩充的效果，并且训练样本集包含的变化范围越广，模型的表示能力就越强，因此选用PCA方法来验证样本扩充的效果。实验样本选自BJUT-3D人脸数据库，共有100人作为初始训练样本集，每个人有两个中性样本。分别使用初始样本集和扩充后样本集训练相应的PCA表示模型，也就是子空间的基。对于由两个不同样本集训练的PCA基，选用相同的测试集进行测试。从表3-1可以看出基于不同扩充阶段的样本集之上训练出来的PCA基具有不同的识别效率，很明显人脸识别的准确率随着样本扩充次数增加而提高。因此提出的样本扩充方法能够明显改善初始样本集的分布状况。

表3-1　三维人脸识别结果

Training set	Original set	Extended set1	Extended set2	Extended set3
Recognition rate	78.25%	80.9%	83.33%	83.57%

通过分析三维人脸建模和三维人脸识别的实验结果可以得知，使用提出的样本扩充方法能够有效地扩充三维人脸数据集，并可以改善该样本集的分布状况，这对三维人脸研究进行模型训练、算法研究与性能比较具有重要的意义。

三维人脸数据库是三维人脸研究进行算法设计和模型训练不可缺少的数据资源。数据库中样本的规模、样本覆盖的范围在很大程度上影响着算法的泛化能力。受扫描设备、数据处理过程、实验对象来源等因素的限制，目前三维人脸数据库的规模都比较小，样本类型也比较少。为了解决三维人脸样本不足的问题，在深入分析三维人脸样本结构的基础上，针对人脸样本自身的特性，提出了一种基于遗传算法的三维人脸样本扩充算法。该扩充算法以现有三维人脸样本集为基础，通过对样本实施选择、交叉、变异等遗传操作来生成虚拟的三维人脸样本，从而实现对现有样本集的扩充。在交叉操作过程中，为了使新生成的虚拟样本满足人脸的约束，对参与交叉的区域与其所对应的目标区域进行了缝合操作，使得基于交叉操作获得的虚拟三维人脸更具真实感，与传统的样本扩充方法相比，此方法具有简便、易行、高效等特点。为了验证提出的样本扩充算法的有效性，在 BJUT－3D 人脸数据库上进行了三维人脸重建和三维人脸识别的实验，实验结果表明提出的扩充方法有效地改善了现有样本集的数据分布情况。

第四章　基于典型相关性分析的三维人脸建模

基于形变模型的三维人脸建模方法使用人脸空间中若干典型样本的线性组合来近似表示特定人的三维人脸模型。对于输入的二维人脸图像，通过优化的方式调整模型的组合参数来实现三维人脸的自动重建。由于人脸是嵌套在高维空间当中的非线性流形，而形变模型却是基于人脸空间是一个线性空间的假设建立的，所以形变模型的线性假设与人脸空间的非线性结构存在着矛盾。因此在对形变模型建模方法深入分析的基础上，提出了基于典型相关性分析（Canonical Correlation Analysis）[105]的三维人脸建模方法，进一步提升了形变模型的建模精度。

第一节　引言

Vetter[31]等人于1999年提出了基于形变模型的三维人脸建模方法，它可以由一幅特定人的二维人脸图像建立该人的三维人脸模型，该方法第一次实现了三维人脸建模的自动化。该模型假设人脸空间是一个线性空间，所以使用若干基底人脸样本可以张成整个人脸空间，空间中的任意三维人脸样本都可以由该空间基底样本的线性组合来表示。基于形变模型的建模方法首先在规格化三维人脸样本集上训练模型，在充分考虑了人脸姿态、光照等因素后，通过模型匹配的方式完成对输入二维人脸图像的三维重建工作，即通过不断调整模型的组合参数使得基于该参数表示的三维人脸样本与输入二维图像中的人脸具有最好的近似。由于人脸是嵌套在高维空间当中的非线性流形，所以基于线性理论的建模算法必定会忽略人脸的细微结构，难以达到较好的建模效果。

为了进一步提高形变模型的建模精度，提出了一种基于典型相关性分析的三维人脸建模方法。分段线性化是解决非线性问题的一种常用方法。典型相关分析是研究两组变量之间相关关系的一种统计方法，它解决的问题是如何寻找两组对应的基向量，使得这些变量在对应基向量上的投影之间的相关性被同时最大化。基于该分析方法可以计算二维人脸图像与三维人脸样本的相关关系。首先以典型相关性分析方法为基础，根据三维人脸样本集与输入图像的相关关系计算出与该图像对应的局部三维人脸子空间，然后在该空间上训练三维人脸形变模型，最后通过将该形变模型与输入图像进行匹配得到目标的三维人脸模型。

首先介绍了基于形变模型的三维人脸建模方法的基本概念和建模过程，然后介绍了典型相关性分析方法，并提出了基于典型相关性分析的样本表示方法和样本选择策略，最后给出了基于典型相关性分析的三维人脸建模方法。实验结果表明，提出的建模方法极大地提高了形变模型的建模质量。

第二节　模型概述

三维人脸形变模型（3D Face Morphable Model）是建立在线性空间的概念之上。该理论认为人脸空间是一个线性子空间，对空间中的任意三维人脸样本都可以由空间的基向量线性表示。基于形变模型的建模方法使用优化的方法计算一组基向量的组合参数，以使得基于这组参数合成的三维人脸样本与图像中的人脸最为相似。该建模方法包含两个过程：模型建立和模型匹配。模型建立是在规格化三维人脸样本集上建立三维人脸表示模型，模型建立的方法采用主成分分析方法。模型匹配是指根据输入的人脸图像，将形变模型与输入图像进行匹配，通过不断调整模型的组合参数来得到重建的三维人脸样本。图 4－1 是基于形变模型的三维人脸建模方法流程。图中上半部分是模型的建立过程，下半部分是模型的匹配过程。

一　模型建立

在建立形变模型之前，首先需要对所有三维人脸样本进行规格化处理，使得规格化后的样本可以使用统一的向量形式进行表示。三维人脸

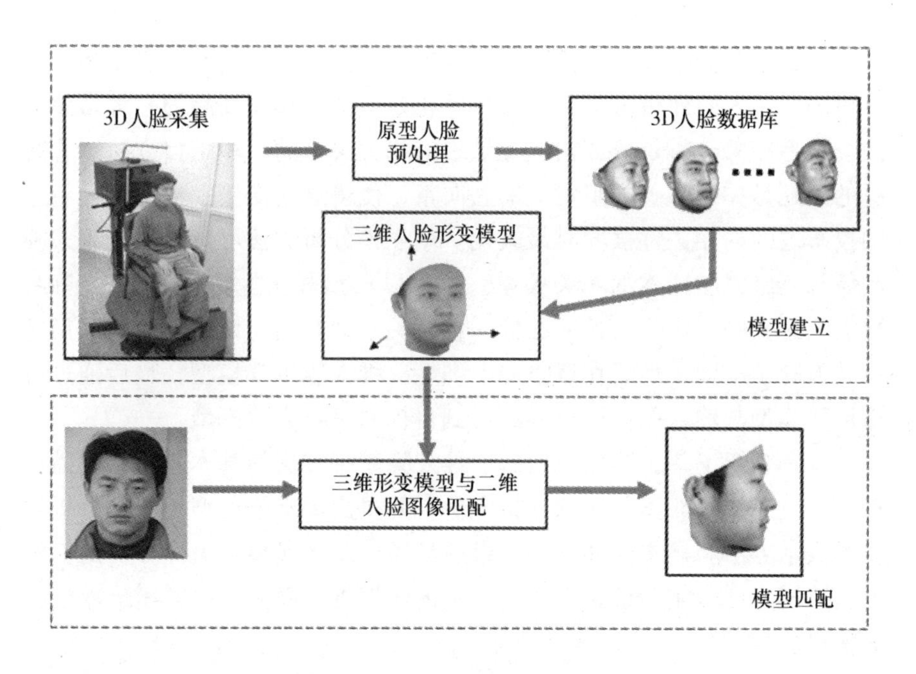

图 4-1　三维人脸形变模型

样本包含形状和纹理两部分信息，因此第 i 个三维人脸样本可以被表示为：

$$\begin{aligned} S_i &= (X_{i1}, Y_{i1}, Z_{i1}, X_{i2}, \cdots, X_{in}, Y_{in}, Z_{in})^T \\ T_i &= (R_{i1}, G_{i1}, B_{i1}, R_{i2}, \cdots, R_{in}, G_{in}, B_{in})^T \end{aligned} \quad 1 \leqslant i \leqslant N \qquad (4-1)$$

其中，S_i 表示第 i 个三维人脸样本的形状向量，它是由样本顶点的坐标信息组成的。T_i 表示三维人脸样本的纹理向量，它是由样本顶点的纹理信息组成的。N 表示训练样本集中包含的样本个数，n 表示三维人脸样本上含有的顶点个数。基于这些样本的形状向量和纹理向量的线性组合可以产生新的三维人脸样本（S_{new}，T_{new}）：

$$S_{new} = \sum_{i=1}^{N} \alpha_i S_i \quad T_{new} = \sum_{i=1}^{N} \beta_i T_i \qquad (4-2)$$

其中 α_i，β_i 分别是几何向量与纹理向量的组合系数，且 $\sum_{i=1}^{N} \alpha_i = \sum_{i=1}^{N} \beta_i = 1$。这就是形变模型的理论基础。

在上面的线性组合中，人脸样本的数量比较大，并且样本之间存在一定的相关性，因此采用了主成分分析（PCA）对模型中的人脸样本进行处理，即对样本的形状向量和纹理向量进行 PCA 变换。这样不但可以压缩模型的数据量，还可以消除数据之间的相关性。PCA 变换的具体过程如下：

首先分别计算形状向量集和纹理向量集的协方差阵：

$$C_S = \frac{1}{N}\sum_{i=1}^{N}(S_i - \bar{S})(S_i - \bar{S})^T C_T = \frac{1}{N}\sum_{i=1}^{N}(T_i - \bar{T})(T_i - \bar{T})^T \tag{4-3}$$

其中 $\bar{S} = \frac{1}{N}\sum_{i=1}^{N} S_i$，$\bar{T} = \frac{1}{N}\sum_{i=1}^{N} T_i$ 分别表示平均形状向量和平均纹理向量。然后分别求取 C_S、C_T 的特征值和特征向量，并按照特征值由大到小的顺序选取与前 m 个最大的特征值 $\lambda = (\lambda_1, \cdots, \lambda_m)$ 和 $\sigma = (\sigma_1, \cdots, \sigma_m)$ 对应的特征向量 $\vec{s} = (s_1, s_2, \cdots, s_m)$ 和 $\vec{t} = (t_1, t_2, \cdots, t_m)$。特征向量个数 m 是由这些特征向量的特征值贡献率决定的，也就是说要求 $\sum_{k=1}^{m}\lambda_k / \sum_{k=1}^{N}\lambda_k$ 和 $\sum_{k=1}^{m}\sigma_k / \sum_{k=1}^{N}\sigma_k$ 大于一定的阈值（通常为98%）。

由主成分分析的原理可知，对人脸空间当中的任一人脸样本 (S_{model}, T_{model})，它可以被近似地表示为：

$$S_{model} = \bar{S} + \sum_{i=1}^{m}\alpha_i s_i T_{model} = \bar{T} + \sum_{i=1}^{m}\beta_i t_i \tag{4-4}$$

其中 $\vec{\alpha} = (\alpha_1, \alpha_2, \cdots, \alpha_m)$，$\vec{\beta} = (\beta_1, \beta_2, \cdots, \beta_m)$ 是基向量组合参数，且 α_i, β_i 满足高斯分布，即 $P(\vec{\alpha}) = \exp[-\frac{1}{2}\sum_{i=1}^{m}(\frac{\alpha_i}{\lambda_i})^2]$，$P(\vec{\beta}) = \exp[-\frac{1}{2}\sum_{i=1}^{m}(\frac{\beta_i}{\sigma_i})^2]$。为了增加形变模型关于形状和纹理变化的合理性约束，要求 α_i, β_i 的变化范围为 $[-3\sqrt{\lambda_i}, 3\sqrt{\lambda_i}]$，$[-3\sqrt{\sigma_i}, 3\sqrt{\sigma_i}]$。只要给定一组形变模型的组合参数 $\vec{\alpha}$ 和 $\vec{\beta}$，就可以基于该参数得到对应的三维人脸样本 (S_{model}, T_{model})。

二　模型匹配

形变模型的匹配过程就是针对输入二维图像的三维人脸建模过程。

对于输入的二维人脸图像，通过调节模型的组合参数得到与输入二维人脸图像最为相似的三维人脸样本。在度量三维人脸样本与二维人脸图像之间的相似性时，首先根据摄像机模型得到三维人脸样本的投影图像，然后将该投影图像 I_{model} 与输入图像 I_{input} 进行匹配，匹配误差的计算方式采用二者对应像素点之间误差的平方和来计算，即：

$$E_I = \sum_{x,y} \| I_{input}(x,y) - I_{model}(x,y) \|^2 \tag{4-5}$$

其中 I_{input} 是给定人脸图像，I_{model} 是三维人脸样本的投影人脸图像。

三维人脸样本的投影图像是由光照模型和摄像机模型共同决定。关于摄像机模型有如下假定：焦距可变、视点可变，但视点与人脸中心距离不变，视方向由视点指向人脸中心，成像平面与视方向相垂直。使用这样的摄像机模型可以获得三维人脸样本的不同大小、不同视点的人脸图像。三维人脸样本上的顶点在二维图像平面的位置就可以根据摄像机模型确定。除了摄像机模型，还需要确定光照模型。考虑到光照计算的复杂性和图像的实际效果，形变模型采用了 Phong 光照模型计算样本投影图像 I_{model} 在点 (x,y) 处的纹理颜色值：

$$I_{model}(x,y) = (I_{R,model}(x,y), I_{G,model}(x,y), I_{B,model}(x,y)) \tag{4-6}$$

其中 $I_{R,model}(x,y)$ 由 Phong 光照模型计算：

$$I_{R,model}(x,y) = R(I_{aR} + I_{dirR}(L \cdot N)) + K_s I_{dirR}(F \cdot V)^v \tag{4-7}$$

这里 I_{aR}、I_{dirR} 分别为环境光和直射光的强度。K_s 为镜面反射系数。L、N、F、V 分别为顶点 (X,Y,Z) 处的入射方向、法向、反射方向和视方向。v 为表面光滑系数。$I_{G,model}(x,y)$，$I_{B,model}(x,y)$ 的计算类似于 $I_{R,model}(x,y)$。

有了三维模型投影图像的表示形式，形变模型与输入图像的匹配误差就可以看作关于摄像机参数和光照参数（一起用 $\vec{\rho}$ 表示），以及模型组合参数 $\vec{\alpha},\vec{\beta}$ 的函数，记为 $E(\vec{\alpha},\vec{\beta},\vec{\rho})$。从而将形变模型的匹配问题转化为对误差函数 $E(\vec{\alpha},\vec{\beta},\vec{\rho})$ 进行优化求解的问题。

第三节　基于典型相关性分析的样本选择

基于形变模型的建模方法核心在于形变模型的建立，所以解决形变模型的线性假设前提与人脸空间的非线性结构之间的矛盾关键在于改进形变模型的表示方式。由第一章的论述可知人脸具有复杂的生理结构和几何特性，直接构建一个非线性的形变模型是非常困难的。分段线性化是使用线性方法解决非线性问题的一种常用方法。因此采用分段线性的思想解决二者之间的矛盾。对于基于形变模型的三维人脸建模算法而言，分段线性化的方法可以归结为寻找人脸空间当中的局部线性子空间，并基于该子空间的样本建立三维人脸的形变模型。显然如何计算三维人脸的局部线性子空间是分段线性化方法实施的关键。比较直观的想法是以输入图像为基础，通过寻找与输入图像相似性强的三维人脸样本得到三维人脸样本的局部线性子空间。然而二维人脸图像与三维人脸样本的维度是不相同的，常规的距离度量方式无法计算他们之间的相似性。典型相关分析（Canonical Correlation Analysis，CCA）是研究两组变量之间相关关系的一种统计方法，它解决的问题是如何寻找两组对应的基向量，使得这些变量在对应基向量上的投影之间的相关性被同时最大化。该方法为计算变量之间的关系提供了一种新的思路。正是基于典型相关性分析方法解决二维人脸图像与三维人脸样本之间的距离度量问题。在深入分析了 CCA 方法的基础上，提出了一种基于 CCA 的非线性三维人脸建模方法。

一 典型相关性分析

典型相关分析是由 Harold Hotelling[105]于 1936 年首次提出的。该方法主要用来计算两组对应变量之间的相关关系，目前该方法已经广泛应用于各个统计领域。典型相关分析所解决的问题是如何寻找两组对应的基向量，使得这些变量在对应基向量上的投影之间的相关性被同时最大化。假设两个相互对应的样本集 (X,Y)，其中 X 表示二维人脸样本集，Y 代表三维人脸样本集。典型相关性分析方法的目标就是计算两组基向量 W_x 和 W_y，W_x 是二维样本集 X 的基向量，W_y 是三维样本集 Y 的基向量。X 和 Y 中的样本在基向量 W_x 和 W_y 上的投影可以表示为 W_x^TX 和 W_y^TY。典型相关性分析的计算目标就是使得 W_x^TX 和 W_y^TY 之间具有最大的相关性，因此用于计算相关性的目标函数可以被表示为：

$$\rho = \frac{E[W_x^TXY^TW_y]}{\sqrt{E[W_x^TXX^TW_x]E[W_y^TYY^TW_y]}} \tag{4-8}$$

其中 $E(X)$ 表示变量 X 的期望值。在进行计算之前，分别将这两个样本集中的样本减去各自的均值向量，那么关于它们的总体协方差矩阵就可以表示为：

$$C = \begin{pmatrix} C_{xx} & C_{xy} \\ C_{yx} & C_{yy} \end{pmatrix} = E\left[\begin{pmatrix} X \\ Y \end{pmatrix}\begin{pmatrix} X \\ Y \end{pmatrix}^T\right] \tag{4-9}$$

其中 $C_{xx} = E[XX^T]$，$C_{yy} = E[YY^T]$，$C_{xy} = E[XY^T]$，$C_{yx} = E[YX^T]$。根据经验期望和协方差之间的关系，公式（4－8）可以改写为：

$$\rho = \frac{W_x^T C_{xy} W_y}{\sqrt{W_x^T C_{xx} W_x W_y^T C_{yy} W_y}} \tag{4-10}$$

W_x 和 W_y 的求解可以通过最大化式（4－10）得出，也就是通过求解下面的特征值问题获得：

$$\begin{aligned} C_{xx}^{-1} C_{xy} C_{yy}^{-1} C_{yx} W_x &= \rho^2 W_x \\ C_{yy}^{-1} C_{yx} C_{yy}^{-1} C_{xy} W_y &= \rho^2 W_y \end{aligned} \tag{4-11}$$

与 W_x 和 W_y 对应的特征值则可以根据下式进行求解：

$$\lambda_x = \lambda_y^{-1} = \sqrt{\frac{W_y^T C_{yy} W_y}{W_x^T C_{xx} W_x}} \tag{4-12}$$

有了二维人脸样本集和三维人脸样本集各自对应的基向量后，就可以根据基向量矩阵计算不同维度的样本在各自基向量空间的投影系数，并根据样本的系数向量计算样本之间的相关性。

二　样本表示和相关性计算

通常二维人脸样本和三维人脸样本采用向量的形式进行表示。二维人脸样本向量由图像中的每个点的纹理值组成，三维人脸样本向量由样本上每个点的坐标值和纹理值组成。显然这两种样本的信息含量和维度是不一致的，直接度量它们之间距离是不可行的。比较二维人脸样本和三维人脸样本之间的关系只能对样本进行变换，使得基于新形式表示的样本之间具有可比性。下图为二维人脸样本与三维人脸样本的示意图，从图中可以看出这两个样本的构成形式和信息含量有着较大差异。因此首先介绍适用于计算这两种样本相关性的方法。

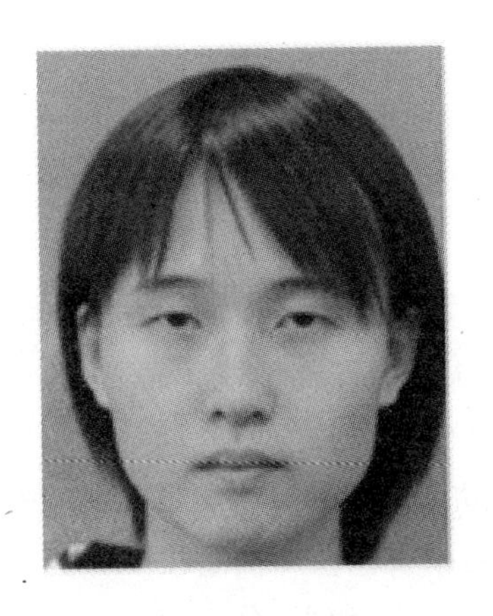

(a) 二维人脸样本

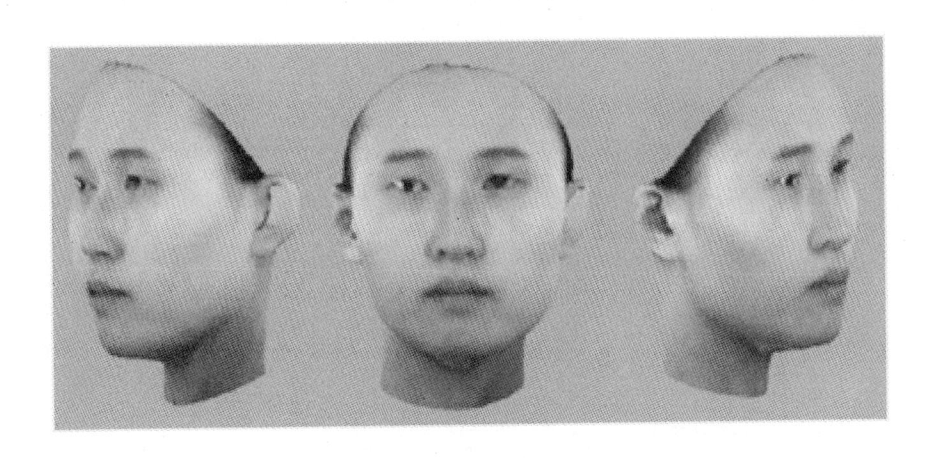

(b) 三维人脸样本

图4－2　二维人脸与三维人脸样本

由上一节内容可知，基于典型相关性分析方法可以获得二维样本集与三维样本集的空间基向量。为了方便表述将二维样本集与三维样本集的基向量重写为 W_{2D} 和 W_{3D} 。对于初始的二维样本和三维样本，使用它们在各自空间基向量的投影对它们进行表示，该过程的计算过程可以定义如下。

将二维、三维人脸样本集中的每个人脸样本在基向量上分别进行投影，得到：

$$f'_{2D} = W_{2D}^{T} \times f_{2D} f'_{3D} = W_{3D}^{T} \times f_{3D} \tag{4-13}$$

f'_{2D} 为二维人脸样本的投影向量，f'_{3D} 为三维人脸样本的投影向量。由典型相关性分析方法可知具有相同身份的二维人脸样本 f_{2D} 在基向量 W_{2D} 上的投影 f'_{2D} 与三维人脸样本 f_{3D} 在基向量 W_{3D} 上的投影 f'_{3D} 具有最大的相关性。因此二维与三维人脸样本之间的关系可以使用投影系数之间的相关性计算。相关系数度量了两个变量之间的相似程度，是一种重要的相似性度量方式。相关性系数的取值范围是（0,1），相关性系数越大表示参与计算的两个变量的相似度越高。对于给定二维人脸样本与三维人脸样本，首先计算它们在各自基向量上的投影向量，然后基于相关性公式计算投影向量的相关性，从而解决二维人脸样本与三维人脸样本之间距离的度量问题。令 F_2 和 F_3 分别表示给定的二维人脸样本集和三维人脸样本集，基于典型相关性分析的三维人脸建模主要按照以下过程进行。

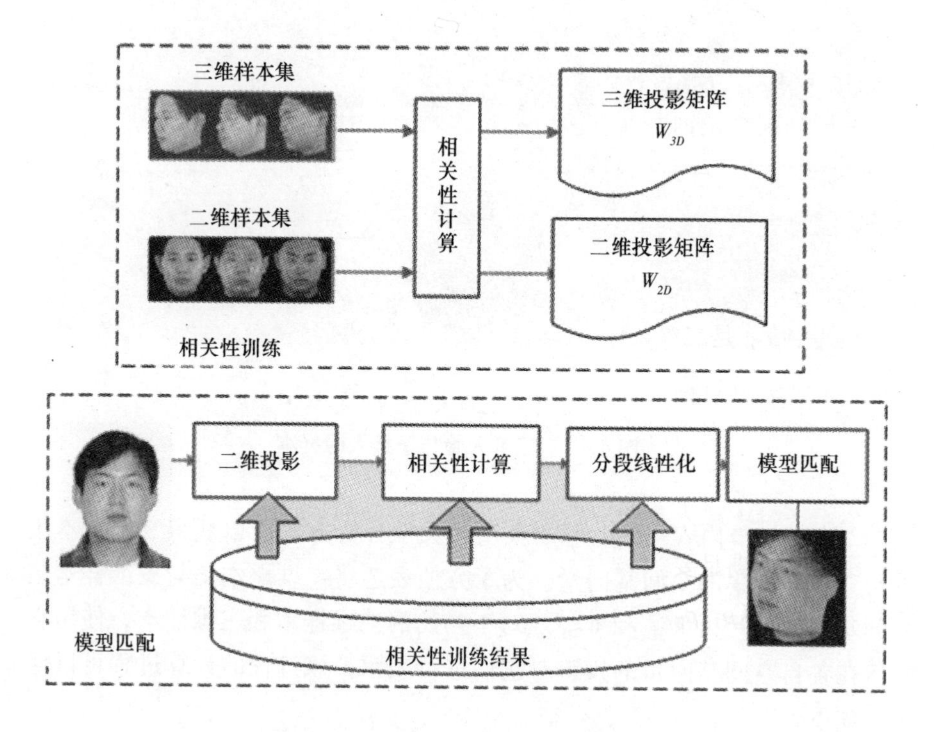

图4－3　非线性三维人脸重建流程图

首先根据典型相关性分析方法计算 F_2 和 F_3 各自空间的特征向量，

并基于惯用的贡献率原则，分别选用前 l 个特征向量作为各自空间内的基向量。这两个样本空间的基向量可以分别表示为：

$$
\begin{aligned}
W_{2D} &= [\hat{f}_1^{2D}, \hat{f}_2^{2D}, \cdots, \hat{f}_l^{2D}]^T \\
W_{3D} &= [\hat{f}_1^{3D}, \hat{f}_2^{3D}, \cdots, \hat{f}_l^{3D}]^T
\end{aligned} \tag{4-14}
$$

$\hat{f}_i^{2D}$ 和 $\hat{f}_i^{3D}$ 分别表示二维样本和三维样本空间内第 i 个特征向量。

在得到这两个空间的基向量后，将 F_2 和 F_3 中的样本在相应空间的基向量上进行投影。样本的投影系数可以表示为：

$$
\begin{aligned}
F_{2D}^i &= [p_{i,1}^{2D}, p_{i,2}^{2D}, \cdots, p_{i,l}^{2D}]^T \\
F_{3D}^i &= [p_{i,1}^{3D}, p_{i,2}^{3D}, \cdots, p_{i,l}^{3D}]^T
\end{aligned} \tag{4-15}
$$

其中 F_{2D}^i 和 F_{3D}^i 分别表示第 i 个二维样本和三维样本的投影系数向量，且这两个样本具有相同的身份信息。然后将训练样本集中的所有三维人脸样本的系数向量排列成投影系数矩阵 $A \in R^{l \times m}$ ，即

$$
A = [F_{3D}^1, F_{3D}^2, \cdots, F_{3D}^m] \tag{4-16}
$$

其中 m 表示训练样本集中三维人脸样本的数量。对于待重建的二维人脸样本 f_{2D} ，首先将对该样本进行规格化处理，并将它与二维训练样本集的均值样本做差，

$$
\hat{f}_{2D} = f_{2D} - \mu_{2D} \tag{4-17}
$$

其中 μ_{2D} 是二维样本集的均值向量。然后将 $\hat{f}_{2D}$ 在二维人脸子空间的基向量 W_{2D} 进行投影得到该样本的二维投影系数 f'_{2D}。根据相关性计算公式，输入样本 f_{2D} 和三维人脸样本集 F_{3D} 中样本的相关性可以根据 f'_{2D} 和三维样本的系数矩阵 A 中的每一列进行计算。在得到三维人脸训练样本集中的每个样本与输入图像的相关性后，就可以根据样本之间的相关性距离选出满足要求三维人脸样本。

令 $\rho = (\rho_1, \rho_2, \cdots, \rho_m)$ 表示输入样本 f_{2D} 与训练样本矩阵 A 的距离集合。ρ_i 表示 f_{2D} 与第 i 个三维人脸样本的相关性距离。样本选择的目的是选择与输入图像相关性高的三维人脸样本。因此需要对相关性的阈值做出规定，并基于该阈值对三维人脸样本的相关性进行判断。参考 PCA 方法在选择特征向量时使用的贡献率判别方法，将 ρ_i 按照相关性大小进行排序，并按照由大到小的顺序选取前 t 个相关性最大的三维样本作为形变模型的训练样本集。样本个数 t 是由样本相关性的贡献率决定的，

也就是说要求 $\sum_{k=1}^{t}\rho_k/\sum_{k=1}^{N}\rho_k$ 大于一定的阈值来确定。

第四节　实验结果和分析

为了验证提出算法的有效性，根据相同的二维人脸图像，分别采用传统的形变模型方法和基于典型相关性分析的形变模型方法进行三维重建，重建实验在 PIV2. 8G/CPU，1G/RAM 的机器上进行。实验样本来自 BJUT－3D 大规模三维人脸数据库，总共选用了 500 人的三维人脸样本作为形变模型的训练样本集，其中男女各占 250 人。所有的三维人脸样本都按照第二章提出的规格化方法进行了样本规格化。

一　样本预处理

使用典型相关性分析方法计算二维人脸样本与三维人脸样本的相关关系。因此计算相关性投影矩阵需要两部分实验数据：三维人脸样本集和二维人脸样本集。所使用的二维人脸样本是三维人脸样本的正投影图像，这样既可以保证二维样本与三维样本按身份信息对应，又可以保证它们之间的相关性。由于人脸之间的个性化差异和样本获取的条件限制，各个样本在尺度和空间位置上存在较大的差异，而这些差异会极大地影响形变模型的训练和相关性的计算。为了增加样本的匹配精度，对样本的尺度和空间进行了对齐处理，使得对齐后的样本在保持样本之间差异的同时尽可能减少了位移和尺度上的差异。

不同样本的尺度是基于双眼之间的距离进行对齐的。对齐时采用某一标准样本双眼之间的距离作为标准，对其他所有三维人脸样本进行尺度变化，变化后的样本尺度按照双眼距离实现尺度一致。样本的空间位置以标准样本的眉心点位置为标准进行对齐。对齐时将所有样本按照该样本与标准样本的眉心点之间的差异进行平移，使得平移后样本眉心点处于相同的坐标位置。对于二维人脸样本，同样按照双眼之间的距离进行尺度规格化，按照眉心点的位置进行位置规格化。如图 4－4 所示，所有的三维人脸样本和二维人脸样本在尺度上、位置上都实现了对齐。图 4－4（a）是规格化三维人脸样本示意图，图 4－4（b）是规格化二维人脸样本示意图。图 4－4（a）给出了三维人脸样本几何信息，这样做是为了与二维人脸样本相区别，使得三维人脸样本的规格化结果更显而易见。从图中可以容易地看出不同的三维人脸样本在尺度上具有一致性，在空间位置上按照眉心点实现了对齐。

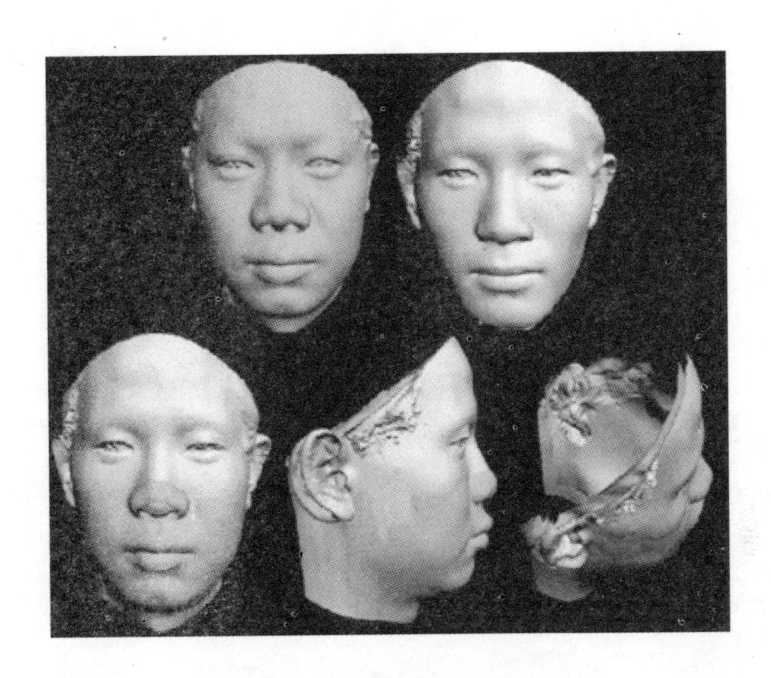

（a）三维人脸样本

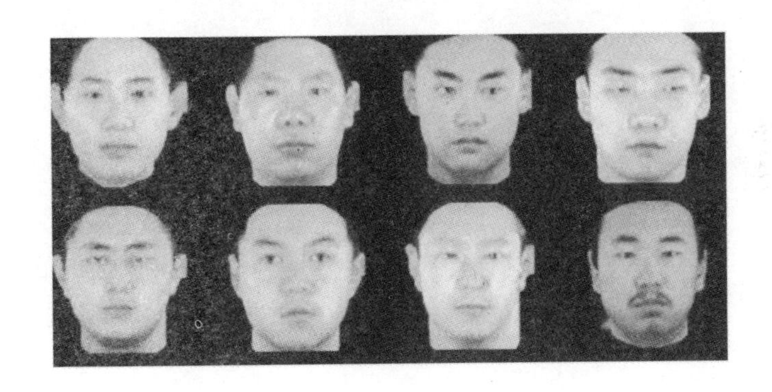

（b）二维人脸样本

图4－4　规格化人脸样本

二　实验结果比较

分别采用两种不同的建模方法，根据相同的人脸图像进行三维人脸重建实验。传统的形变模型是基于所有的三维样本建立的，而基于典型相关性分析的形变模型是基于与输入图像相关性高的三维样本集建立的。使用这两种形变模型得到的重建效果如下图所示：

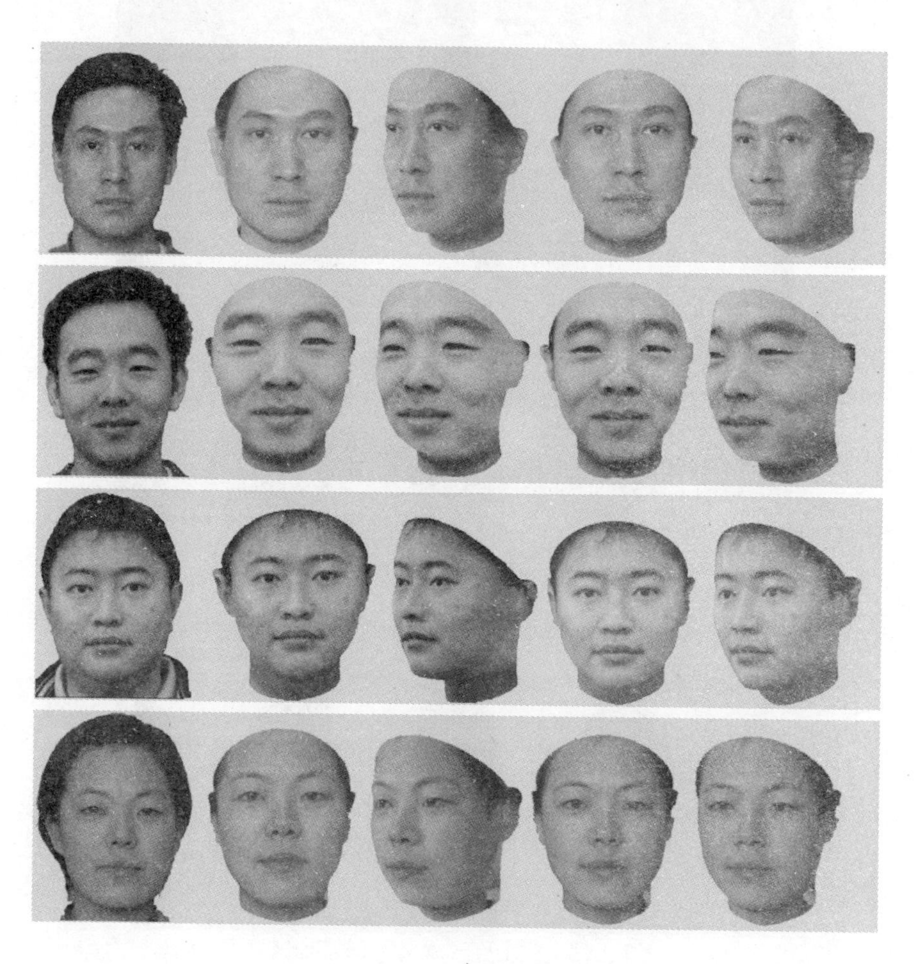

图4－5　重建结果比较

上图中最左边的图像是输入的二维人脸图像。第二列和第三列是采用传统方法得到的形变模型的重建结果的前视图和侧视图，第四列和第五列是采用基于典型相关性分析方法得到的形变模型的重建结果的前视图和侧视图。从主观上看，采用新方法得到的重建结果要优于使用传统方法得到的重建结果。这些差异主要体现在重建人脸的轮廓上，使用传统方法得到的重建结果在轮廓上与图像中的人脸有一定差异。

为了能够进一步验证算法的有效性，同样将重建样本与基于激光扫描仪获取的三维人脸样本做比较。图 4－6 分别显示了关于这四个图像的重建结果的相对误差比较图。图中蓝色（彩图可见）曲线表示使用传统方法得到的重建样本的相对误差，红色（彩图可见）曲线表示使用新方法得到的重建样本的相对误差，横坐标表示三维人脸样本上每个点的索引值，纵坐标表示重建样本在每个索引点处与真实样本的相对误差。

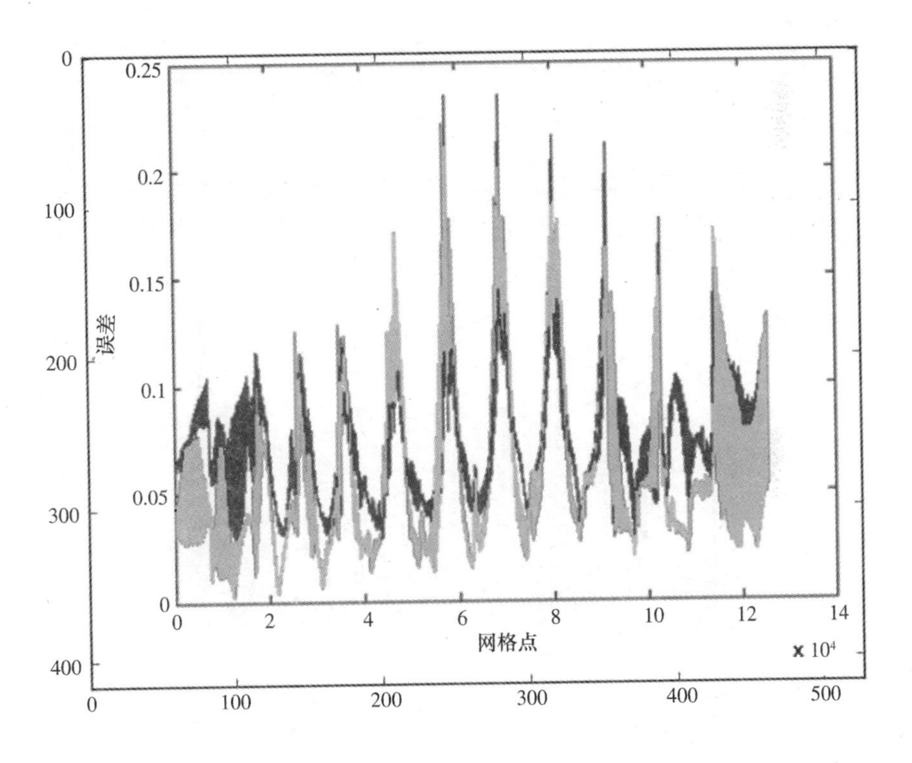

（a）

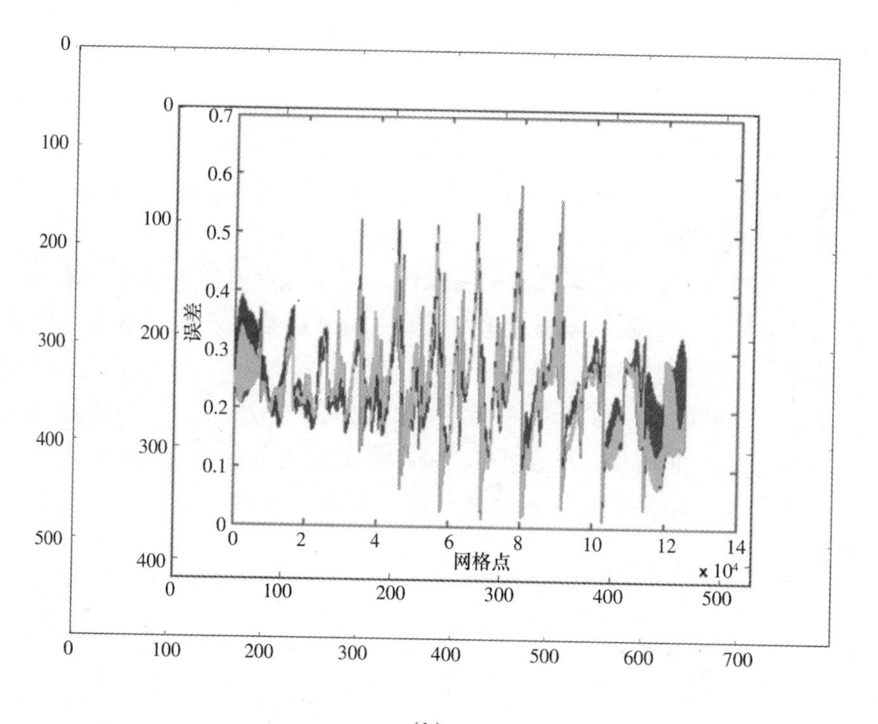
0
100
200
300
400
500
0
100
200
300
400
500
600
700
0
100
200
300
400
0
100
200
300
400
500
0.7
0.6
0.5
0.4
0.3
0.2
0.1
0
误差
0
2
4
6
8
10
12
14
网格点
× 10⁴

(b)

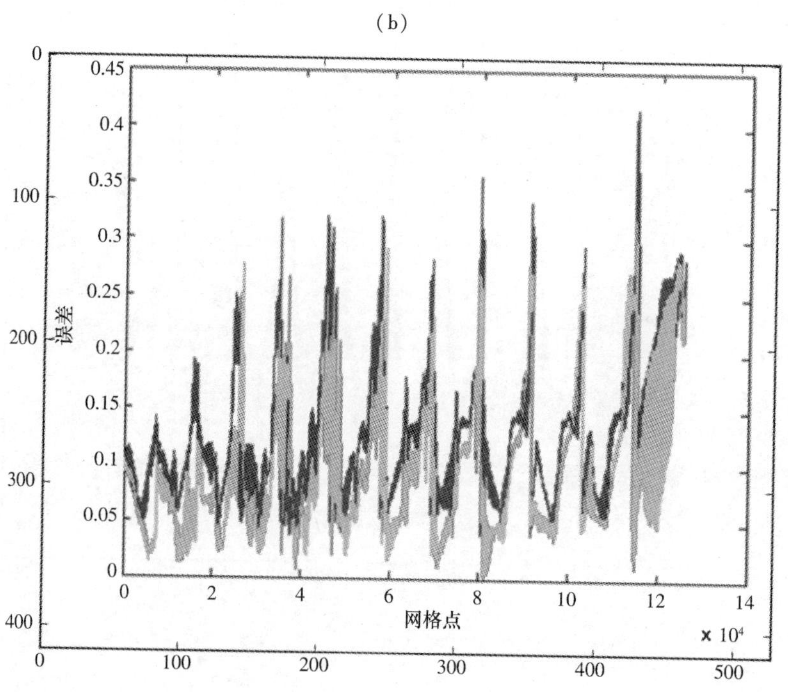
0
100
200
300
400
0
100
200
300
400
500
0.45
0.4
0.35
0.3
0.25
0.2
0.15
0.1
0.05
0
误差
0
2
4
6
8
10
12
14
网格点
× 10⁴

(c)

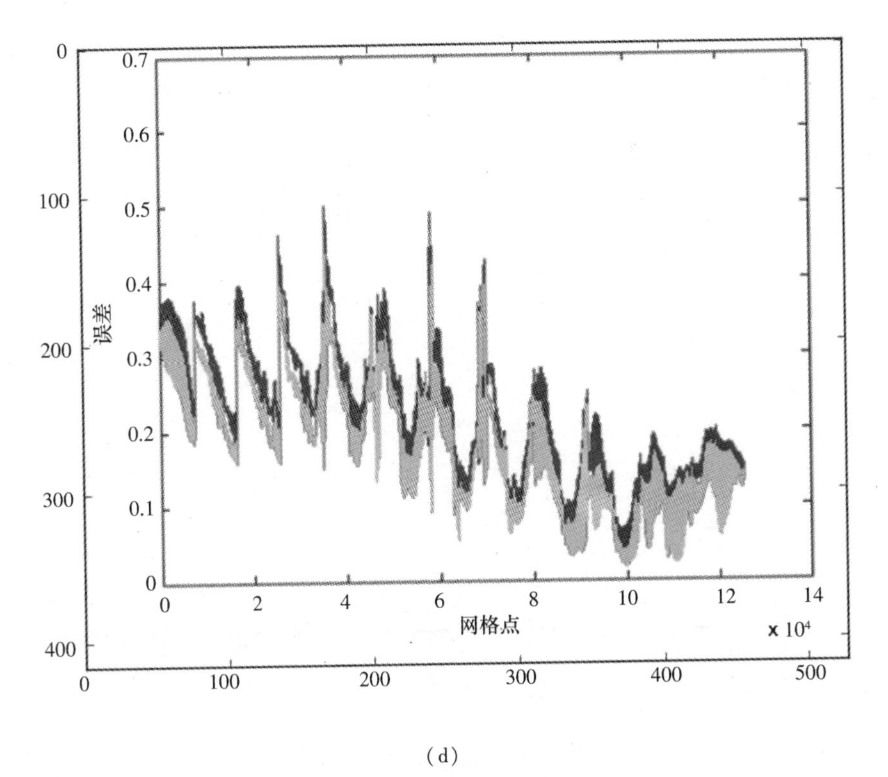

(d)

图 4 - 6　相对误差比较

从相对误差比较图上可以看出，红色（彩图可见）曲线基本上位于蓝色（彩图可见）曲线下方，这就说明使用新方法得到的重建结果在相对误差度量结果的表现整体优于传统方法。除此之外，还采用其他几项指标来对重建效果进行客观的评价，用于评价重建效果的客观度量方式分别是相关性距离、欧氏距离、法向距离和峰值信噪比。基于这四项指标的评价结果由下图给出：

相关性用于衡量两个变量的密切程度，相关性距离的计算是根据二维样本和三维样本的投影进行。使用相关性距离来度量重建样本与真实样本的相关性。这个度量结果描述了它们之间的相似性。由于相关性的取值范围是（0，1），因此可以从相关性的大小上判断出重建的效果。从图中可以看出，提出的方法具有更好的重建结果。

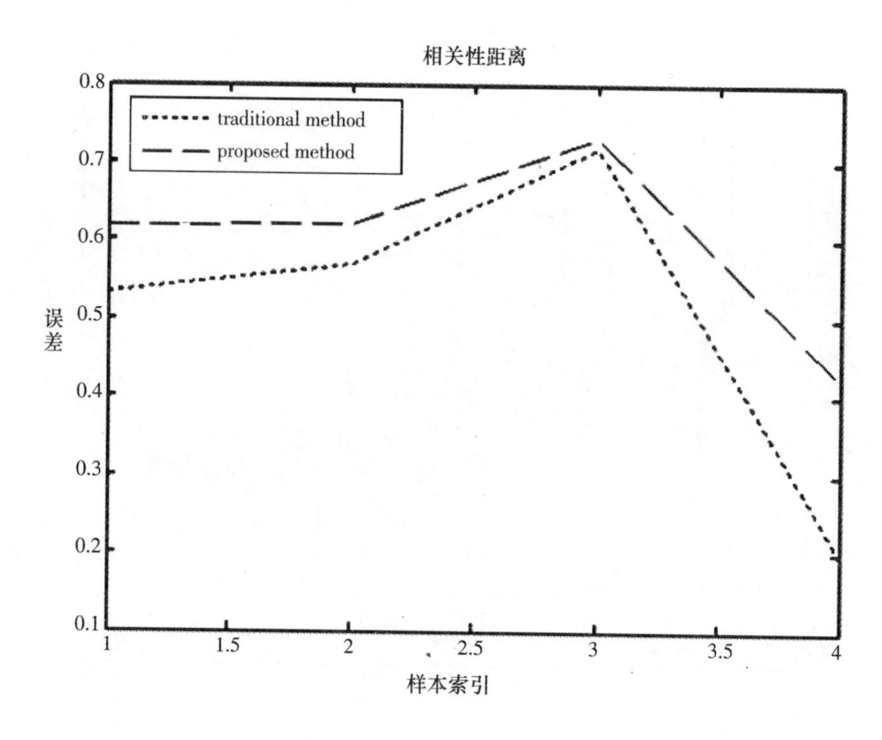

图4-7 相关性度量比较

欧氏距离是最常用的距离度量方式，采用样本间对应点的误差平均值表示样本之间的欧氏距离。尽管使用该方式得到的度量结果没有明确的几何意义，但是仍旧可以从距离的数值大小对重建的结果进行判断。从图4-8中可以看出使用新方法得到的重建结果与真实样本之间的欧氏距离更为相近。

三维人脸样本的法向描述了人脸样本的几何特性和曲面的曲率变化规律，这些特性都是曲面的固有属性。因此采用样本间对应点的法向距离可以从一定意义上对重建的精度作出说明。三维人脸样本上每个点的法向可以使用它的邻接面片的法向平均值来估算，法向的相似性一般采用对应点法向的角度进行计算，对于任意两个人脸样本 f_i 和 f_j，它们之间的法向距离可以表示为：

$$D(f_i,f_j) = \sum_{k=1}^{N} \frac{(\overrightarrow{n_k^i} \cdot \overrightarrow{n_k^j})}{\| \overrightarrow{n_k^i} \| \cdot \| \overrightarrow{n_k^j} \|} / N \quad (4-18)$$

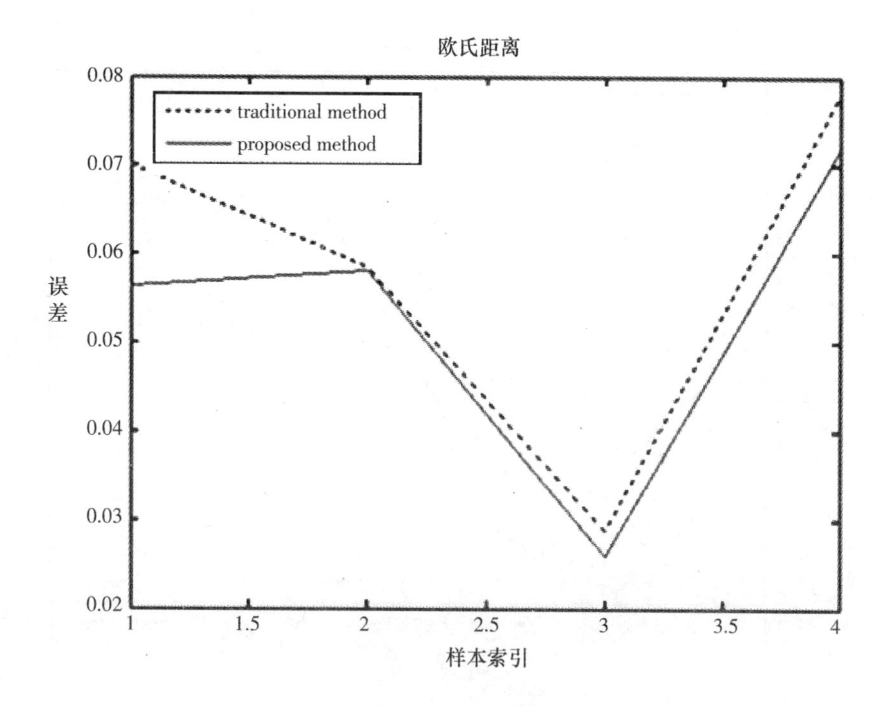

图 4－8　欧氏距离度量比较

其中 $\overrightarrow{n_k^i}$ 表示样本 f_i 上第 k 个点的法向，该公式计算了对应点之间法向在角度上的差异。当两个向量最相似时，它们之间的夹角为 0 度，向量之间的距离为 1。当两个向量最不相似时，它们之间的夹角为 90 度，向量之间的距离为 0。当法向之间的距离越大时，重建样本与真实样本的法向相似度就越大。从图 4－9 中可以看出，使用新算法得到的重建结果有效地提高了三维人脸样本与真实样本在法向上的相似性，也就是说该样本与真实样本在曲面特性方面具有更高的相似性。

峰值信噪比（PSNR）是目前应用最为普遍和广泛的图像质量的客观度量标准。它通常被用在评价经过处理后的影像品质。该指标是通过计算原图像与重建图像之间的均方误差（MSE）相对于 $(2^n-1)^2$ 的对数值而得出的。将重建样本与真实样本之间误差的度量看作是对重建样本含有噪声的度量，根据 PSNR 值来衡量三维人脸样本重建效果。在 MSE 通过如下方式定义：

$$MSE = \frac{1}{n}\sum_{i=1}^{n} \left| D_r(i) - D_t(i) \right| \qquad (4-19)$$

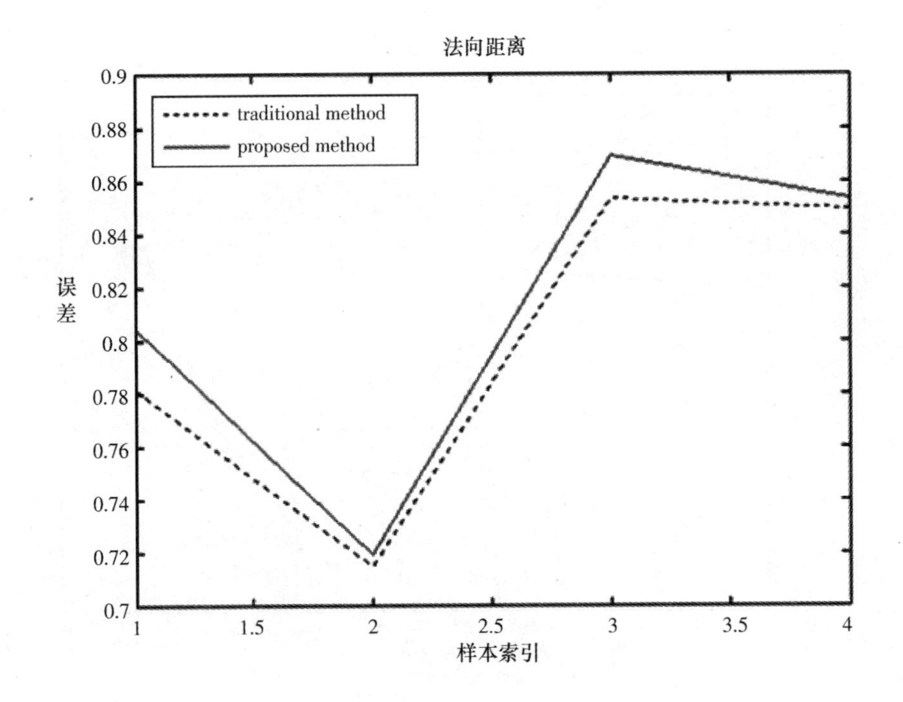

图 4-9 法向距离度量比较

则 PSNR 的计算方式即为：

$$PSNR = n \cdot Log_{10}(n-1)^2/MSE \tag{4-20}$$

图 4-10 展示了每个重建结果的 PSNR 值。PSNR 值越大说明重建的效果越好。由于采用的 PSNR 计算方式与图像领域的方式不同，因此得出的 PSNR 结果不再局限于［0，1］之间，从图中可以看出基于典型相关性分析训练的形变模型的重建效果整体优于传统形变模型的建模效果。通过以上四组实验可以看出提出的方法有效地提高了形变模型的重建精度。基于形变模型的三维人脸建模方法的计算复杂度主要体现在模型建立和模型匹配两个方面。建立传统的形变模型进行一次计算就可以建立表示模型，建立局部形变模型则需要根据输入图像建立相应的表示模型，因此提出的建模方法在计算复杂度上要大于传统的形变模型方法。但是研究关注的重点是提高形变模型的建模精度，因此不对计算复杂度做深入的讨论。

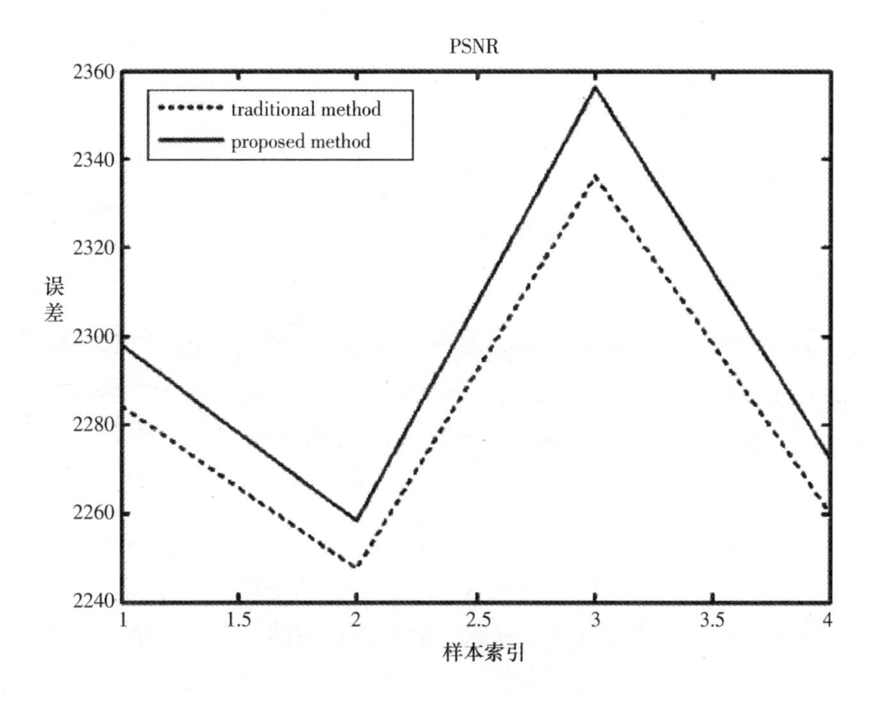

图 4－10　PSNR 度量比较

人脸是嵌套在高维空间中的非线性流形，而形变模型方法的假设前提是人脸空间是一个线性子空间，所以形变模型的线性假设与人脸空间的非线性结构存在着矛盾。为了解决这个问题，通过使用典型相关性分析方法来计算输入二维人脸图像与三维人脸样本之间的相关性，并基于相关性选择与输入二维人脸图像最为相关的三维人脸样本作为形变模型的训练基础。基于这些样本构建的形变模型是与输入二维人脸图像相对应的，可以对图像中的样本进行更好的表示，因此重建的效果也自然会好。分别采用了两种方法进行重建测试。与传统的形变模型建模方法相比，基于典型相关性分析得到的形变模型具有更强的模型表示能力。

第五章　基于粒子群优化算法的模型匹配

第一节　引言

基于形变模型的三维人脸建模就是将形变模型与输入图像进行优化匹配的过程。由前一章的内容可以知道，形变模型在匹配过程当中需要优化的参数包括形状、纹理、光照、摄像机在内的一系列参数。因此该匹配问题实质上是一个高维参数优化问题，提高形变模型的匹配速度和匹配效果是改进形变模型建模效率的一个重要途径。在深入分析模型匹配问题的基础之上，针对形变模型匹配自身的特点，提出了基于粒子群优化算法的多层次模型匹配算法。首先介绍了形变模型匹配问题的特点和原理，然后详细介绍了基于粒子群优化算法的多层次模型匹配算法，最后对三维人脸建模结果进行了总结和分析。

第二节　模型匹配

形变模型的匹配过程就是针对输入二维人脸图像的三维人脸重建过程。对于输入的二维人脸图像，通过调节模型的组合参数得到与输入人脸图像最为相似的三维人脸模型。在度量三维人脸模型与输入二维人脸图像之间的相似性时，首先根据摄像机模型得到三维人脸模型的投影图像，然后将该投影图像 I_{model} 与输入图像 I_{input} 进行匹配，匹配误差的计算方式采用二者对应像素点之间误差的平方和来计算，即：

$$E_I = \sum_{x,y} \| I_{input}(x,y) - I_{model}(x,y) \|^2 \tag{5-1}$$

初始的形变模型匹配过程采用随机梯度下降算法（Stochastic Gradient Descent, SGD)[106]进行优化求解。但是由于随机梯度下降算法的稳定性和鲁棒性比较差,[107]并且该方法对初值的设定有着极高的依赖性,使得算法的收敛速度和重建精度可能因为初值的不同而差别较大,从而导致算法的收敛速度慢、模型匹配效果差。为了进一步提高形变模型的建模效果,胡永利[53]和王成章[62]等人分别对形变模型的匹配算法作出了改进。胡永利等人提出了一种基于多分辨率模型的匹配方法,该方法是建立在多分辨率三维人脸样本集的基础之上的。在胡永利的工作中,他首先使用网格重采样的方法将原型人脸样本规格化为一系列具有相同拓扑结构、不同分辨率的人脸网格。然后在每一次重采样的网格上建立相应的三维人脸形变模型,即建立不同分辨率的三维人脸形变模型。

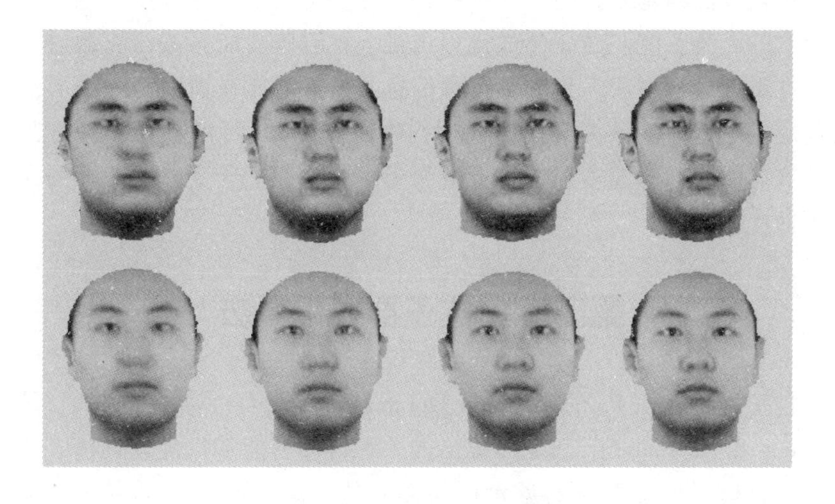

图 5-1　多分辨率人脸模型

在进行多分辨率模型匹配时,首先使用最低分辨率的模型与输入图像进行匹配,得到模型的组合参数 $(\vec{\alpha}^k, \vec{\beta}^k, \vec{\rho}^k)$,然后以这组参数为基础计算下一分辨率模型的组合参数,重复以上优化过程直到最高分辨率的模型。这样可以在优化初期避免图像局部噪声对模型优化的干扰,并且由于低分辨率模型需要较少的迭代次数,使得总迭代次数得以减少,从而减少了模型匹配的所需时间。然而该算法运行的基础仍是随机梯度下降算法,因此模型匹配所需的时间仍是惊人的。王成章等人对模型匹配方法作出了进一步的优化,提出了基于遗传算法的模型匹配方法。[64]

新的模型匹配算法在模型的匹配速度和匹配精度上都有了一定的提高，尤其是在模型匹配速度方面由过去的三十多分钟缩短至十多分钟。这是由于遗传算法不需要对目标函数进行梯度求解，从而使得计算量得以大幅度地减少。然而王成章等人仅仅是将遗传算法应用在形变模型的匹配问题上，并未根据形变模型匹配问题自身的特点作出深入的研究。除此之外，遗传算法是最初级的群体智能算法。粒子群优化算法是继遗传算法之后出现的新一代群体智能优化算法，该算法具有计算速度快、实现简便等特点。在深入研究了当前的优化算法后，决定选用粒子群优化算法作为形变模型匹配问题的最新求解方法，并结合形变模型匹配问题的特点，提出了一种基于粒子群优化的多层次模型匹配算法。该方法以粒子群优化算法为基础，通过动态调整形变模型的主成分分量个数来实现多层次的模型匹配。粒子群优化算法是一种群体智能算法，它通过模拟鸟群在觅食过程中所发生的飞行和信息交换等动作在搜索空间中寻找目标问题的最优解。该算法在优化过程中不需要计算目标函数的梯度值，因此该算法的计算速度更快，更适合于解决类似于形变模型匹配的大规模参数优化问题。

第三节　粒子群优化算法

粒子群优化（Particle Swarm Optimization，PSO）算法[108-111]是由Kennedy和Eberhart于1995年提出的一种群体智能随机优化算法，该算法是通过模拟鸟类群体的觅食行为建立的。由于该算法具有收敛速度快、易于实现等特点，使得越来越多的学者投入到该算法研究当中，并将它成功应用于各个优化领域，包括：函数优化、神经网络训练和模糊控制等。粒子群优化算法将目标函数的解集看作鸟类的飞行空间，目标函数的每个解被抽象成为空间中一个没有体积和重量的粒子，将在解空间中寻找最优点的过程看作鸟群寻找食物的过程。

当使用粒子群优化算法进行优化求解时，首先随机确定每个粒子在空间中的位置，并给它们赋予初始的飞行速度。然后让每个粒子按照自身的适应度、运动速度、自身经过的历史最优值、当前群体历史最优值来动态调整下一步的飞行速度和飞行方向。通过这些粒子的不断飞行和信息交互，使得该算法最终找到目标问题的最优解。由于粒子群优化算法不需要计算目标函数的梯度值，不需要进行交叉、变异等进化操作，使得该算法具有极高的运行效率。粒子群优化算法之所以能够以较快的速度获得较好的搜索结果，原因在于粒子之间的信息交互机制。与遗传算法相比，粒子群优化算法具有更好的方向性和学习性。

假设目标函数的解向量是 D 维，粒子群群体规模为 N，种群中的第 i 个粒子在解空间中的位置可以用 D 维向量 $X_i = (x_{i1}, x_{i2}, \cdots, x_{iD})^T$ 所表示，它的速度或位置的变化用 D 维向量 $V_i = (v_{i1}, v_{i2}, \cdots, v_{iD})^T$ 表示。在每次飞行过程当中，每个粒子根据自身历史最优点与群体历史最优点更新自己的当前位置和飞行速度：

$$V_i[t+1] = \omega V_i[t] + c_1 r_1 (P_i - X_i) + c_2 r_2 (P_g - X_i) \text{（速度更新公式）} \tag{5-2}$$

$$X_i[t+1] = X_i[t] + V_i[t+1] \text{（位置更新公式）} \tag{5-3}$$

其中 $P_i = (p_{i1}, p_{i2}, \cdots, p_{iD})^T$ 表示第 i 个粒子曾经到过的历史最优点（Personal best，pbest），$P_g = (p_{g1}, p_{g2}, \cdots, p_{gD})^T$ 表示整个种群所能找到的历史最优点（Global best，gbest），c_1 是自身认知因子，表示自身经历的历史最优值对当前运动状态的影响，c_2 是社会认知因子，表示整个种群经历的历史最优值对当前运动状态的影响。r_1 和 r_2 是区间［0，1］内的随机数。由（5-2）和（5-3）构成的粒子群优化算法称为原始型粒子群优化算法。为了保证粒子群优化算法求解结果的合理性，通常需要对粒子的飞行速度作出限制，设粒子的最大飞行速度为 V_{max}，则当速度 $V_i > V_{max}$ 时，令 $V_i = V_{max}$；当 $V_i < -V_{max}$ 时，令 $V_i = -V_{max}$。使用粒子群优化算法对形变模型匹配问题进行求解的原因在于该算法的信息交互机制。三维人脸形变模型的变化具有连续性，粒子群优化算法根据历史最优值的方式可以引导粒子平滑地运动到最优解的位置。除此之外，历史最优位置的记录方式可以阻止粒子由于过度飞行而偏离最优飞行方向。

第四节　多层次模型匹配算法

形变模型的匹配问题是一个大规模多参数的优化问题，对形变模型的匹配速度和匹配效率进行提高是改进形变模型建模方法的重要途径。

粒子群优化算法自问世以来就以高效性和简便性广受学者们的关注，使用粒子群优化算法对形变模型匹配问题进行求解可以极大地提高模型的匹配速度。由胡永利等人的工作可以知道，在模型匹配的初始阶段，使用较粗分辨率的形变模型进行匹配可以避免图像中局部噪声对模型参数优化的干扰，因此根据形变模型的组成特点设计了基于粒子群优化算法的多层次模型匹配方法。

一 多层次粒子群模型

使用粒子群优化算法对优化问题进行求解同样需要对该问题的解进行编码。形变模型匹配问题需要涉及三大类参数：形状组合参数 $\vec{\alpha} = (\alpha_1, \alpha_2, \cdots, \alpha_m)$、纹理组合参数 $\vec{\beta} = (\beta_1, \beta_2, \cdots, \beta_m)$ 和摄像机光照参数 $\vec{\rho}$。对该问题进行编码时需要将这些参数融入粒子的编码当中，因此针对形变模型的第 i 粒子编码方式可以表示为：

$$X_i = (\alpha_{i1}, \alpha_{i2}, \cdots, \alpha_{im}, \beta_{i1}, \beta_{i2}, \cdots, \beta_{im}, \vec{\rho_i})' \tag{5-4}$$

其中 $(\alpha_1, \alpha_2, \cdots, \alpha_m)$ 表示前 m 个形状主成分分量的系数，$\vec{\beta} = (\beta_1, \beta_2, \cdots, \beta_m)$ 表示前 m 个纹理主成分分量相对应的系数。

建立多层次的粒子群模型首先需要建立多层次的形变模型，然后基于多层次形变模型构建相应的粒子群模型。形变模型是基于主成分分析方法建立的，该模型由三维人脸样本空间的特征向量组成。由主成分分析方法的特性可知特征值越大的特征向量表示能力就越强，特征值越小的特征向量表示能力就越弱，使用不同数量的特征向量构建的形变模型具有不同的表示能力。一般而言，构建形变模型使用的特征向量越多，模型所能表示的信息就越丰富。为了提高模型匹配的鲁棒性，应当在模型匹配的初期使用特征向量较少的形变模型与输入图像进行匹配，在模型匹配的后期使用特征向量较多的形变模型与输入图像进行匹配。因此多层次形变模型构建就可以通过调整参与运算的特征向量个数来实现。这里规定层次越高的形变模型使用的特征向量个数越多，因此多层次粒子群优化算法的粒子描述可以表示为：

$$X_i^k = (\alpha_{i1}, \alpha_{i2}, \cdots, \alpha_{ik}, \beta_{i1}, \beta_{i2}, \cdots, \beta_{ik}, \vec{\rho_i}) \quad k < m \tag{5-5}$$

其中 m 表示多层次粒子群模型的总层数，也是特征向量的个数，k

表示当前粒子群的层数，$\vec{\rho}$ 表示形变模型的摄像机参数和光照参数。由于 $\vec{\rho}$ 的取值变化不会影响模型的表达能力，因此该参数不随模型层次的变化而变化。使用基于多层次的粒子群优化算法对匹配问题进行求解，可以帮助我们在模型匹配的初期迅速得到人脸的主要特征。随着参与形变模型表示的特征向量不断增多，该模型所能表示的细节信息也会逐渐增多。使用这种由粗到精的优化搜索方式一方面进一步提高了模型的匹配速度；另一方面增加了优化算法的鲁棒性，降低了该算法受噪声影响而偏离正确搜索方向的可能性。

二　多层次模型匹配算法

要进行多分辨率模型匹配，首先需要建立多层次模型匹配的误差计算函数。形变模型的误差匹配采用三维人脸模型的投影图像 I_{model} 与输入图像 I_{input} 在对应像素点上的误差平方和来计算。根据贝叶斯理论，该问题的求解可以通过寻找具有最大后验概率的参数组合（$\vec{\alpha},\vec{\beta},\vec{\rho}$）来完成，因此（5－1）式就可以通过以下形式进行求解：

$$E(\vec{\alpha},\vec{\beta},\vec{\rho}) = \frac{1}{\sigma_N^2}E_I + \sum_{j=1}^{m}\frac{\alpha_j^2}{\sigma_{S,j}^2} + \sum_{j=1}^{m}\frac{\beta_j^2}{\sigma_{T,j}^2} + \sum_{j}\frac{(\rho_j - \bar{\rho}_j)^2}{\sigma} \qquad (5-6)$$

其中 E_I 根据式（5－1）进行计算，σ_N 表示图像中噪声的标准差，$\sigma_{S,j}$ 表示第 j 个形状参数的标准差，$\sigma_{T,j}$ 表示第 j 个纹理参数的标准差，σ 表示光照和摄像机参数 $\vec{\rho}$ 的标准差。那么第 k 层模型匹配的误差计算函数就可以表示为：

$$E(\vec{\alpha}^k,\vec{\beta}^k,\vec{\rho}^k) = \frac{1}{\sigma_N^2}E_I + \sum_{j=1}^{k}\frac{\alpha_j^2}{\sigma_{S,j}^2} + \sum_{j=1}^{k}\frac{\beta_j^2}{\sigma_{T,j}^2} + \sum_{j}\frac{(\rho_j - \bar{\rho}_j)^2}{\sigma} \qquad (5-7)$$

为了实现低层次的匹配结果向高层次的传递，需要对不同层次模型解之间的关系进行分析，并建立它们之间的联系。由形变模型的建立原理可知，第 k 层形变模型可以表示为：

$$S_{model}^k = \overline{S^k} + \vec{\alpha}^k\vec{s}^k \quad T_{model}^k = \overline{T^k} + \vec{\beta}^k\vec{t}^k \qquad (5-8)$$

其中 k 表示组建本层形变模型所需的特征向量个数，模型的层次的每一次提高都是通过增加参与特征向量途径实现的，也就是说第 $k+1$

层的形变模型与第 k 层的形变模型的差别在于特征向量的个数。因此形变模型的层次提高通过逐次增加主成分分量完成：

$$S_{model}^{k+1} = S_{model}^{k} + \vec{\alpha}^{k+1}\vec{s}^{k+1} \quad T_{model}^{k+1} = T_{model}^{k} + \vec{\beta}^{k+1}\vec{t}^{k+1} \tag{5-9}$$

在使用粒子群优化算法进行模型匹配时，首先根据当前参与计算的特征向量个数得出当前层次的粒子描述形式：

$$X_i^k = (\alpha_{i1}, \alpha_{i2}, \cdots, \alpha_{ik}, \beta_{i1}, \beta_{i2}, \cdots, \beta_{ik}, \vec{\rho}) \quad k < m \tag{5-10}$$

在完成了第 k 层模型的匹配后，可以得到前 k 个形状特征向量和纹理特征向量的组合系数取值。在进行层次之间的参数传递时，首先固定已有的组合系数取值，然后随机给出 $\alpha_{i,k+1}$ 和 $\beta_{i,k+1}$ 多种可能取值，并以此为基础建立下一层次算法运行的初始种群。因此多层次粒子群模型的变化规律可以由下式表出：

$$(\alpha_0, \beta_0, \vec{\rho}) \rightarrow (\alpha_0, \alpha_1, \beta_0, \beta_1, \vec{\rho}) \rightarrow (\cdots) \rightarrow (\alpha_0, \cdots, \alpha_{m-1}, \beta_0, \cdots, \beta_{m-1}, \vec{\rho}) \tag{5-11}$$

在优化的初始阶段，参与运算的特征向量个数较少，粒子群的计算复杂度得以大幅度降低。随着优化层次的提高，需要估计的形变模型参数也不断增多。为了保持已有的优化结果对模型匹配的贡献，根据粒子群的层数设定了不同的基因变化范围。对于已经完成搜索的粒子群基因，将大大减小它们的变化范围，对于当前加入的特征向量则设置较大的变化范围。初始参与运算的特征向量可以表示空间的主要特征，因此使用这些向量进行模型匹配可以迅速计算出图像中人脸的轮廓、尺度等宏观信息。在确定了人脸的宏观特征后，就可以通过增加特征向量的形式来增加重建模型的细节信息。由于不同层次的形变模型只是在特征向量的个数上不一致，使用这些模型构建的三维人脸样本在分辨率上没有差别。由于较低层次的粒子涉及的特征向量较少，所以在优化计算时所需的计算量也会大大减少。

三　惯性权重因子变化策略

惯性权重因子 ω 是指粒子前一时刻的运动状态对当前时刻运动状态的影响程度。在粒子群优化算法中，ω 越大越有利于进行大范围的搜索和跳出局部极值点；ω 越小则越有利于进行局部搜索和算法的快速收敛。

标准的粒子群优化算法相当于将惯性权重因子固定为常量。研究表明，在搜索过程中动态调整该因子的大小能够获得更好的优化结果。目前应用最为广泛的是 Shi[105,106]等人提出的线性权重调整方法，此时的惯性权重因子按照下式进行变化：

$$\omega = \omega_{start} - \frac{\omega_{start} - \omega_{end}}{MaxEpochs} \times Epochs \tag{5-12}$$

其中 ω_{start} 和 ω_{end} 分别表示 ω 的初值和终值，通常情况 ω_{start} 的取值要大于 ω_{end}。$Epochs$ 表示搜索算法进行的当前次数，$MaxEpochs$ 表示搜索算法的最大循环迭代次数。动态调整惯性权重因子的方法能够大大提高粒子群优化算法的寻优能力。为了进一步提高粒子群的优化求解，同样采用动态调整的策略来改变权重因子。所不同的是权重因子的调整不再采用简单的线性方式，而是根据粒子的当前位置进行动态改变。

由形变模型的原理可知，形状和纹理的组合参数 α_i,β_i 满足高斯分布，即 $P(\vec{\alpha}) = \exp[-\frac{1}{2}\sum_{i=1}^{m}(\frac{\alpha_i}{\lambda_i})^2]$，$P(\vec{\beta}) = \exp[-\frac{1}{2}\sum_{i=1}^{m}(\frac{\beta_i}{\sigma_i})^2]$。并且为了增加形变模型关于形状和纹理变化的合理性约束，要求 α_i,β_i 的变化范围为 $[-3\sqrt{\lambda_i}, 3\sqrt{\lambda_i}]$，$[-3\sqrt{\sigma_i}, 3\sqrt{\sigma_i}]$。对于粒子的惯性权重的调整要结合参数的取值，将粒子惯性与参数的取值概率结合起来。当参数取值靠近边界值时，与其对应的概率值较小，当参数的取值靠近中心点时，与其对应的概率值较大。也就是说，当组合参数的取值处于值域边界时，形变模型对目标人脸正确表示的概率会变小，因此我们设计了如下权重调整算子：

$$\omega_i = 1/(P(\vec{\alpha}) + P(\vec{\beta})) \tag{5-13}$$

从以上的变换公式中可以看出，粒子的权重公式由形状参数和纹理参数的取值概率决定。在优化搜索的过程中，当参数取值概率较大时，表示该粒子成为候选解的可能性较高，要适当降低粒子的运动惯性，以便进行精细求解；当参数取值概率较小时，表示该粒子成为候选解的可能性较低，就要适当加大粒子的运动惯性，使得粒子可以迅速飞离低可能性区域。

四　认知因子自适应策略

在粒子群优化算法中，优化搜索的关键在于选择全局搜索和局部搜索的最佳比例关系。通常，在搜索的早期阶段，每个粒子应该尽可能散布在整个搜索空间中，而不是呈现聚集状态。在搜索的后期阶段，应当加快粒子的收敛速度。当粒子的自身认知因子比较强、社会认知因子比较弱时，群体最优粒子对当前粒子的运动状态影响就会比较小，从而使得该粒子会按照自身的状态在搜索空间中飞行；当粒子的自身认知因子比较弱、社会认知因子比较强时，群体最优粒子将会对当前粒子产生较大的影响，从而使得粒子群优化算法快速收敛。

为了提高粒子群优化算法的优化搜索能力，应当在搜索的早期阶段加强粒子的自身认知能力，使得群体的搜索范围更大。在搜索的后期阶段应当加强粒子的社会认知因子，使得所有粒子迅速向最优点收敛。综合考虑以上特性，设计了自身认知因子 c_1 和社会认知因子 c_2 随搜索次数变化而变化的公式：

$$
\begin{aligned}
c_1 &= c_{1,initial} - \operatorname{sgn}(t - T/2) \times (c_{1,initial} - c_{1,end}) \times t/T \\
c_2 &= c_{2,initial} + \operatorname{sgn}(t - T/2) \times (c_{2,initial} - c_{2,end}) \times t/T
\end{aligned}
\qquad (5-14)
$$

其中 $c_{1,initial}$ 表示自身认知因子的最大值，$c_{2,initial}$ 表示社会认知因子的最大值，$c_{1,end}$ 表示自身认知因子的最小值，$c_{2,end}$ 表示社会认知因子的最小值。从以上的变换公式中可以看出，在优化搜索的前半阶段，自身认知因子 c_1 的取值随迭代次数 t 的增加而变大，而社会认知因子 c_2 则随迭代次数的增加而变小。在优化搜索的后半阶段，在 sgn 函数的帮助下，自身认知因子和社会认知因子的变化规律发生了翻转。

第五节　实验结果和分析

为了对文章提出的模型匹配算法进行有效性验证，针对相同的二维人脸图像，同样分别采用传统算法（基于遗传算法的模型匹配算法）和新算法（基于粒子群优化算法的模型匹配算法），在普通 PC 机上进行三维人脸建模实验。构建形变模型所需的三维人脸训练样本同样选自 BJUT - 3D 人脸数据库。在实验中，同样选用了 500 人的三维人脸样本作为模型的训练基础，其中男女各占 250 人。三维人脸样本的建模结果如图 5 - 2 所示。图中最左边一列是输入的二维人脸图像，第二列和第三列是采用遗传算法得到的建模结果，第四列和第五列是采用粒子群优化方法得到的建模结果。采用新算法的平均模型匹配耗时为 40 秒，采用传统算法的模型匹配耗时为 15 分钟。

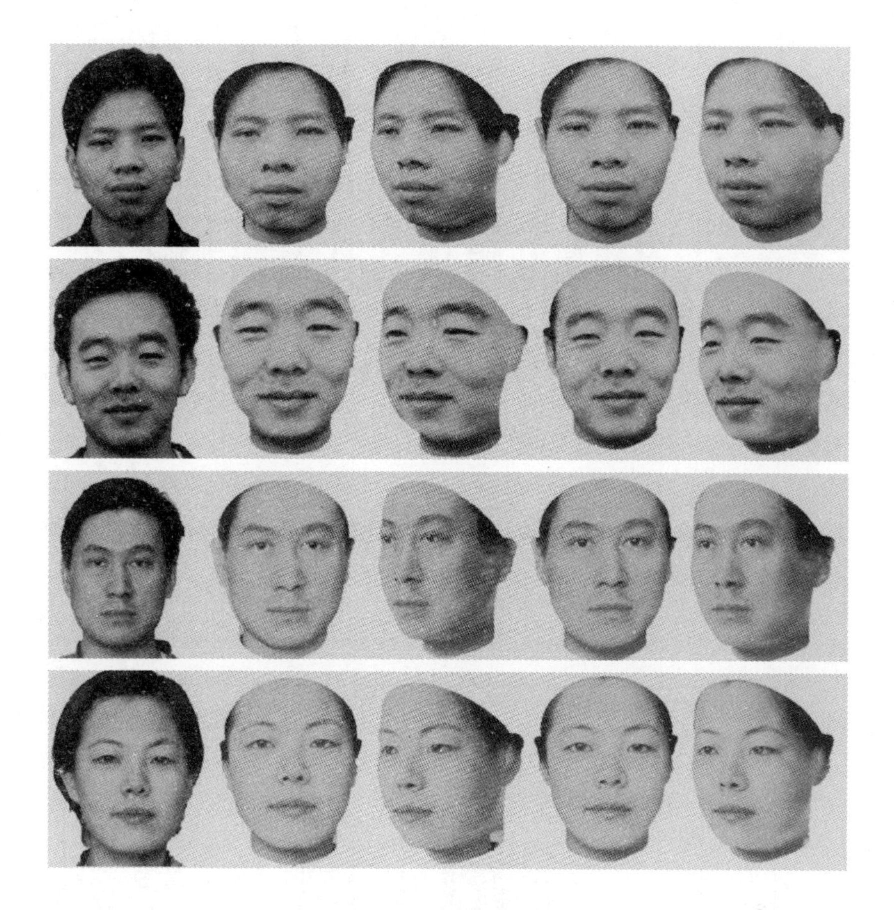

图 5－2　重建结果比较

从上图中可以看出，使用提出的模型匹配算法在重建效果上要优于遗传算法。新的模型匹配算法在摄像机参数的估计上和几何参数的估计上优势较为明显，使用新算法得到的重建结果能够与图像中人脸的几何特性保持较高的一致性。为了能够进一步验证新算法的有效性，同样将重建结果与基于激光扫描仪获取的真实样本做比较。采用粒子群优化算法和遗传算法得到的重建样本与扫描样本在对应点处的相对误差由图 5－3 给出。

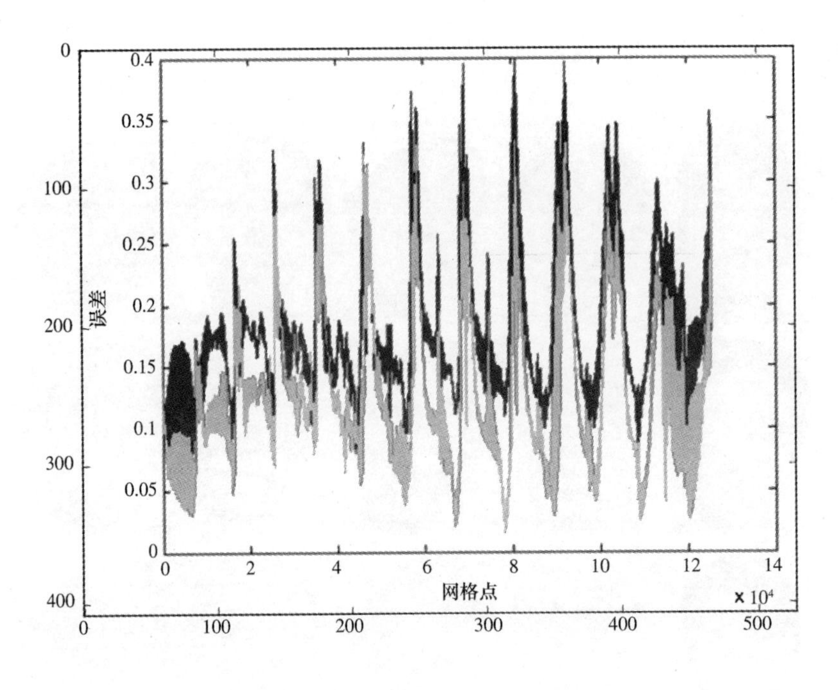

(a)

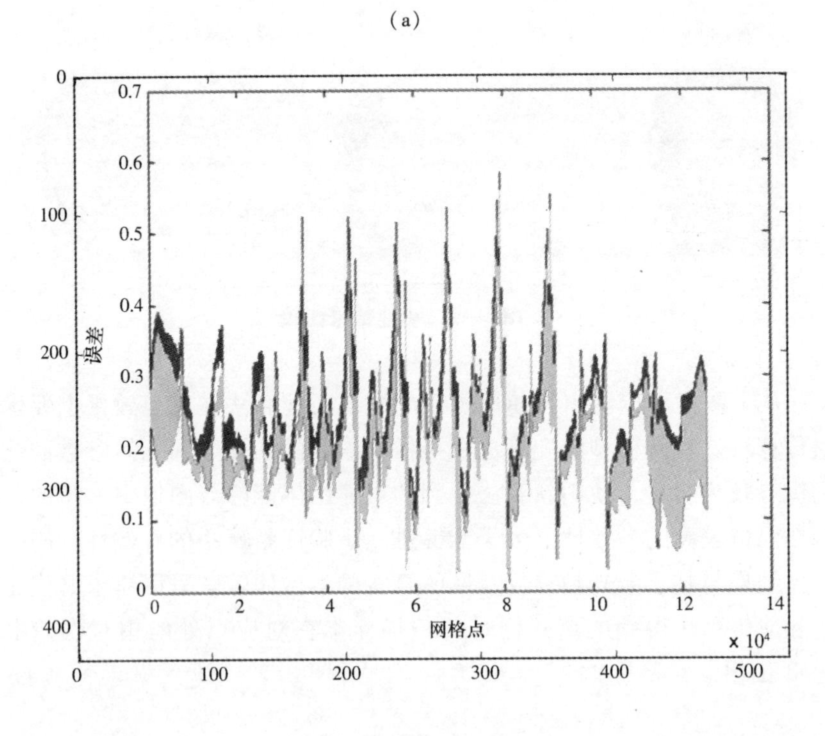

(b)

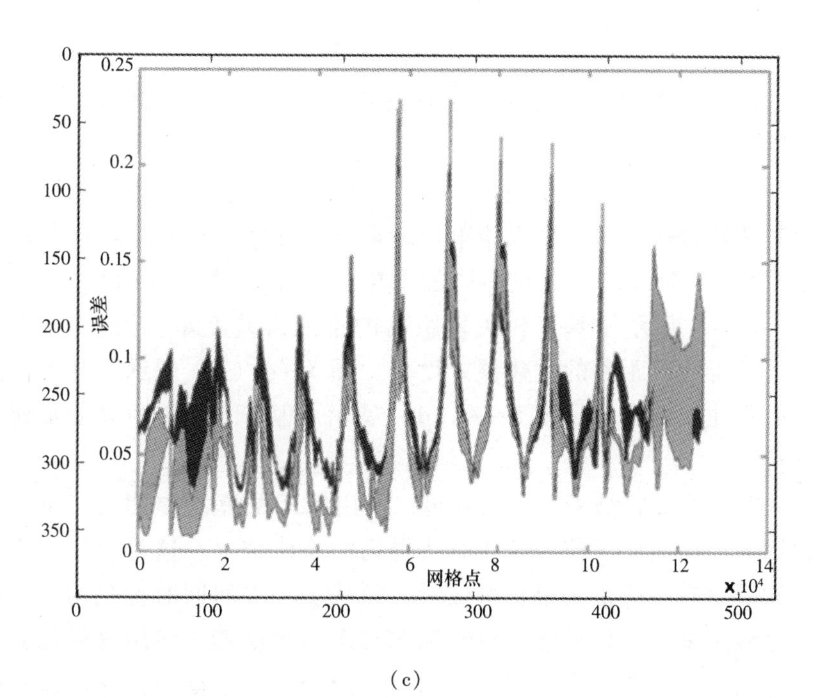

(c)

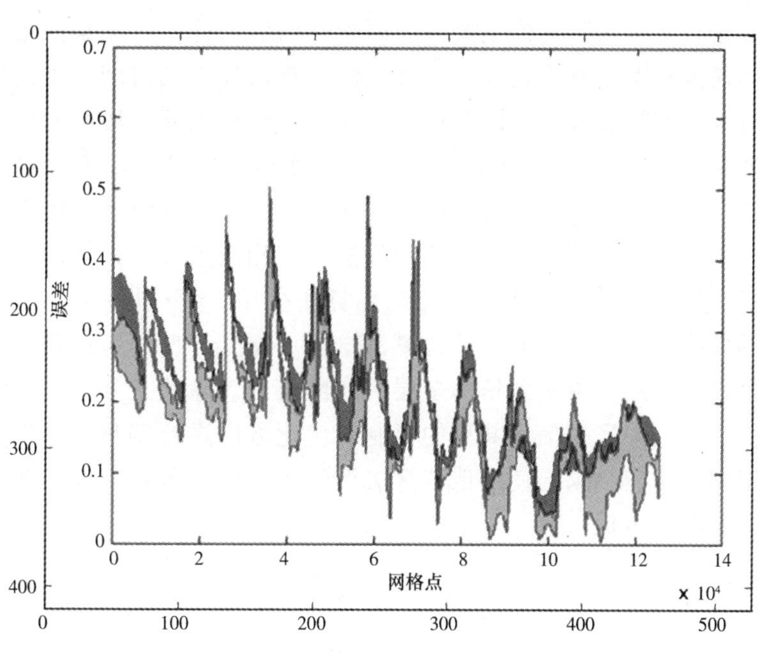

(d)

图 5-3　相对误差比较

图中的红色（彩图可见）曲线表示采用新匹配算法得到样本的误差，蓝色（彩图可见）曲线表示采用遗传算法得到样本的误差。从图中可以看出使用新算法得到的重建样本在精度上要优于遗传算法的重建结果。同时还采用了相关性距离、欧氏距离、法向距离和峰值信噪比等其他检验指标对三维人脸重建结果进行评价。这些指标度量的结果如图5－4所示，分别在不同的图中给出了这些指标的测量结果，图5－4（a）展示了基于相关性距离的重建误差度量，图5－4（b）展示了基于欧氏距离的重建误差度量，图5－4（c）展示了基于法向距离的重建误差度量，图5－4（d）展示了基于PSNR距离的重建误差度量。

从以上的实验结果中可以看出，使用新匹配算法得到的三维人脸重建结果要明显优于使用遗传算法得到的重建结果。这是由于新算法在搜索形变模型的最优组合参数时，是从多个方向同时优化的，并在搜索过程中采用了信息交互机制和多层次匹配模式，使用这样的方式进行优化求解具有高度的并行性和良好的全局搜索能力。使用形变模型方法进行三维人脸建模主要关注两个方面的指标：首先是三维人脸样本的建模精度，其次是建立三维人脸模型所耗费的时间。因此，在进行三维人脸重建实验的同时记录了运行这两种匹配算法所消耗的时间。表5－1展示了针对不同输入图像，使用这两种匹配方法进行建模所耗费的时间。从表中可以很明显地看出，提出的模型匹配算法要远远快于基于遗传算法的模型匹配算法。在相同条件下，使用提出的匹配算法完成三维人脸建模要比遗传算法少用15分钟左右。这是由于新的模型匹配算法摒弃了遗传算法选择、交叉、变异等操作，并在匹配过程中使用了由粗到精的多层次匹配模式。除此之外，该算法在优化的过程当中采用信息共享的机制对优化方向进行调整，使得用该算法得到的重建结果与使用遗传算法得到的重建结果在精度上和重建速度上要明显占优。

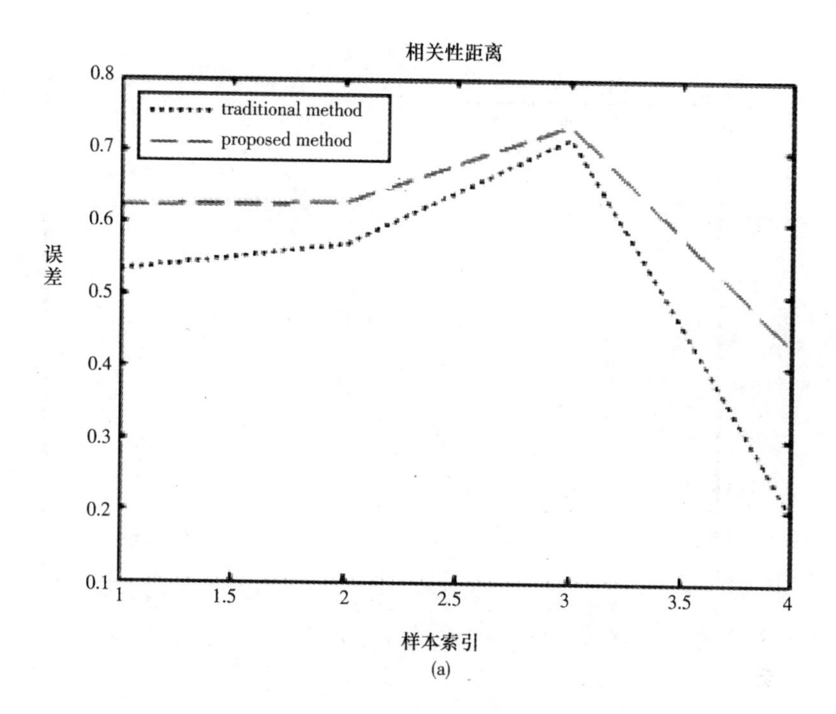
相关性距离
traditional method
proposed method
误差
样本索引
0.8
0.7
0.6
0.5
0.4
0.3
0.2
0.1
1
1.5
2
2.5
3
3.5
4
(a)

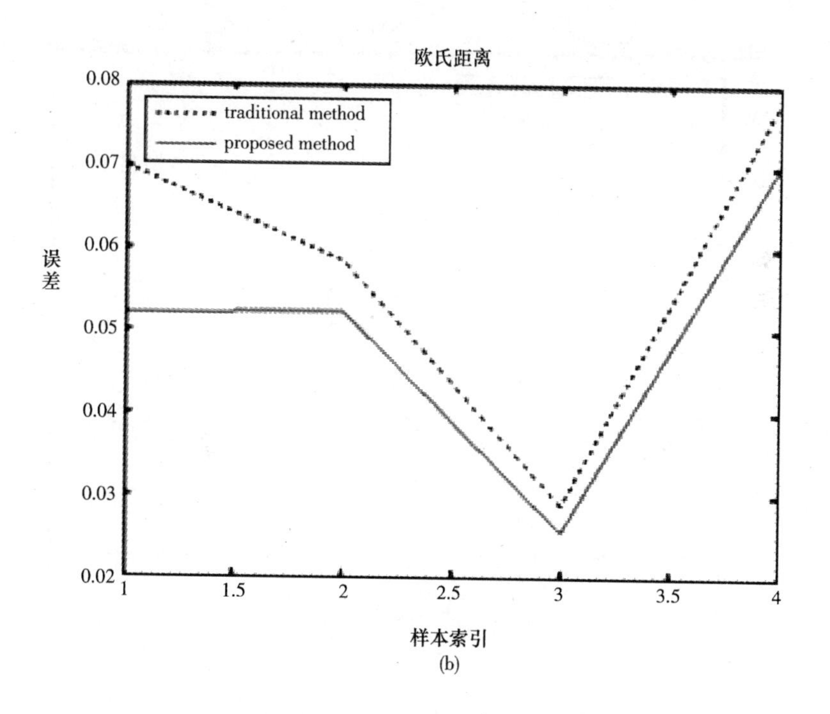
欧氏距离
traditional method
proposed method
误差
样本索引
0.08
0.07
0.06
0.05
0.04
0.03
0.02
1
1.5
2
2.5
3
3.5
4
(b)

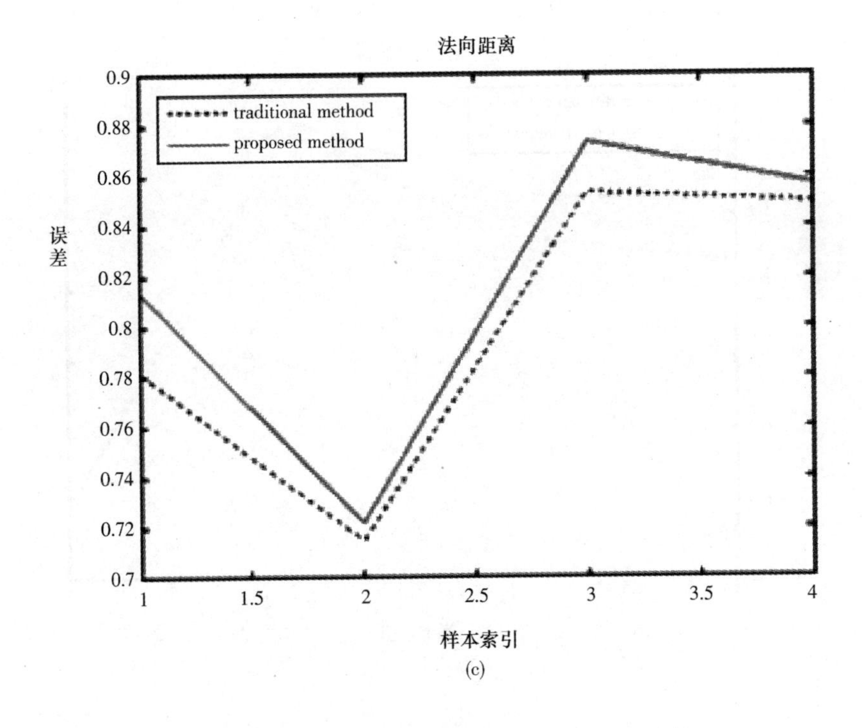

(c)

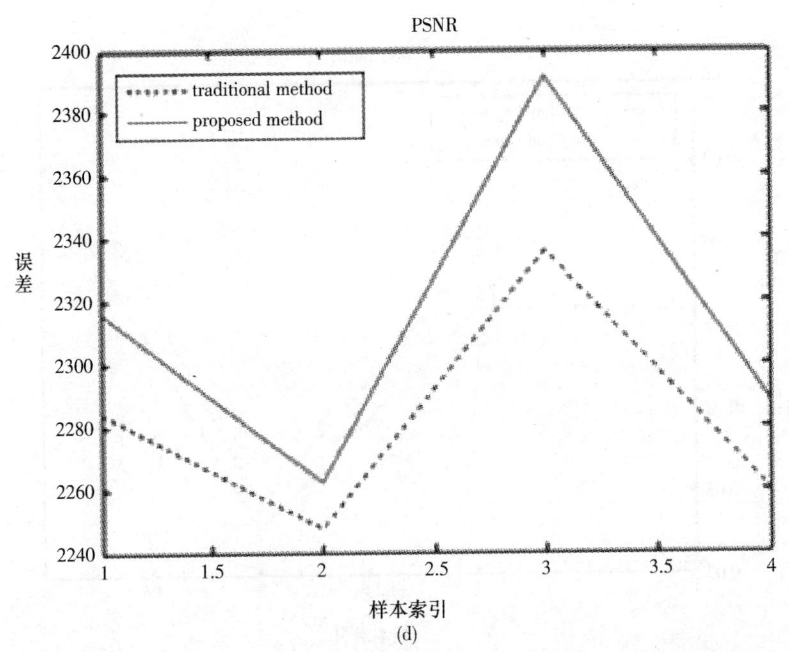

(d)

图 5-4　两种方法的重建误差比较

表 5－1　　　　　　　　　**模型匹配时间比较**　　　　　　　　（单位：分钟）

人脸样本	新算法的匹配时间	传统算法的匹配时间
I	0.38	19.7
II	0.37	18.6
III	0.33	16.4
IV	0.36	17.8
V	0.33	15.7
VI	0.31	15.2
VII	0.35	17.3
VIII	0.32	15.5
IX	0.36	17.9
X	0.35	17.5

综合以上两部分实验可以看出，提出的基于粒子群优化算法的多层次的模型匹配算法无论是在重建效果上，还是在重建速度上都具有非常优秀的表现。

使用形变模型进行三维人脸建模的关键问题在于模型匹配。由于该问题涉及几何、纹理、光照、摄像机等一系列复杂参数的优化搜索，所以形变模型的匹配问题是一个大规模的、多参数的优化问题，解决该问题所需的时间复杂度和空间复杂度都非常高。积极探索有效的优化求解算法来解决形变模型的匹配问题是积极而有意义的。粒子群优化算法是一种群体智能算法。该算法是通过模拟鸟类群体的觅食行为来实现对目标问题的优化求解。由于该算法具有收敛速度快、易于实现等特点，使得该算法广泛应用于解决各种优化领域当中。受粒子群优化算法的启发，为了进一步提高形变模型的匹配精度和匹配速度，根据形变模型自身的特点，提出了基于粒子群优化算法的多层次模型匹配算法。该方法综合了形变模型的多层次表示能力和粒子群优化方法的多点、快速搜索的特点。在求解模型匹配问题时，通过大规模、分层次优化的方式来求解形变模型的匹配问题。实验结果表明，基于粒子群优化算法的模型匹配算法极大地提高了形变模型的匹配速度，并在一定程度上改善了模型匹配的质量，从而使得模型匹配工作得以高速、有效地完成。实验结果证明，基于粒子群优化算法的多层次模型匹配方法有效地克服了传统算法对初值依赖性强、计算复杂度高、耗费时间长的缺陷，在加快模型匹配算法运行速度的同时，有效提高了模型的匹配精度。

第六章　三维人脸动画技术

MPEG－4 是一个真正地把视频和声音以及计算机三维图形和图像结合在一起的多媒体标准。该标准的提出，进一步拓宽了虚拟人脸的应用，使得即使在低带宽的网络上也可以实现高质量的人脸动画。在 MPEG－4 中特别地定义了和人脸有关的一些标准，它用 68 个人脸动画参数（FAP，Face Animation Parameter）刻画了复杂的人脸表情，并且还用人脸定义参数（FDP，Face Definition Parameter）来描述人脸模型和人脸纹理。虽然 MPEG－4 给出了这些和人脸有关的标准，但是并没有给出利用人脸动画参数来产生丰富的人脸表情的算法，这使得我们有了一定的空间把人脸动画技术运用到与 MPEG－4 相关的一些应用中去。

第一节　MPEG－4 技术

人脸对象是 MPEG－4 中一个非常重要的对象，MPEG－4 用 FDP、FAP 和 FAPU 来描述它的几何和纹理以及表情，这些参数对人脸的表示和动画作出了详细的定义。

一　人脸定义参数

人脸定义参数（FDP，Face Definition Parameter）描述人脸的几何和纹理信息，有时还可以包括场景的信息，它提供人脸特征点、网格、纹理和人脸动画定义表等数据，有了这些数据就可以把一般人脸模型转化为特定人脸模型。在 MPEG－4 中定义了 11 个组，在这些组内有序地定义了 84 个特征点。对于人脸的网格和纹理信息没有作出规定，具体见图6－1,这些规定给研究者提供了开展多种方法研究的空间。

在一段 MPEG－4 人脸动画中，FDP 只需要开始时传送一次，而紧接着 FDP 之后传送的就是经过人脸的动画参数。在一个 FDP 域中包含以下五个内容：

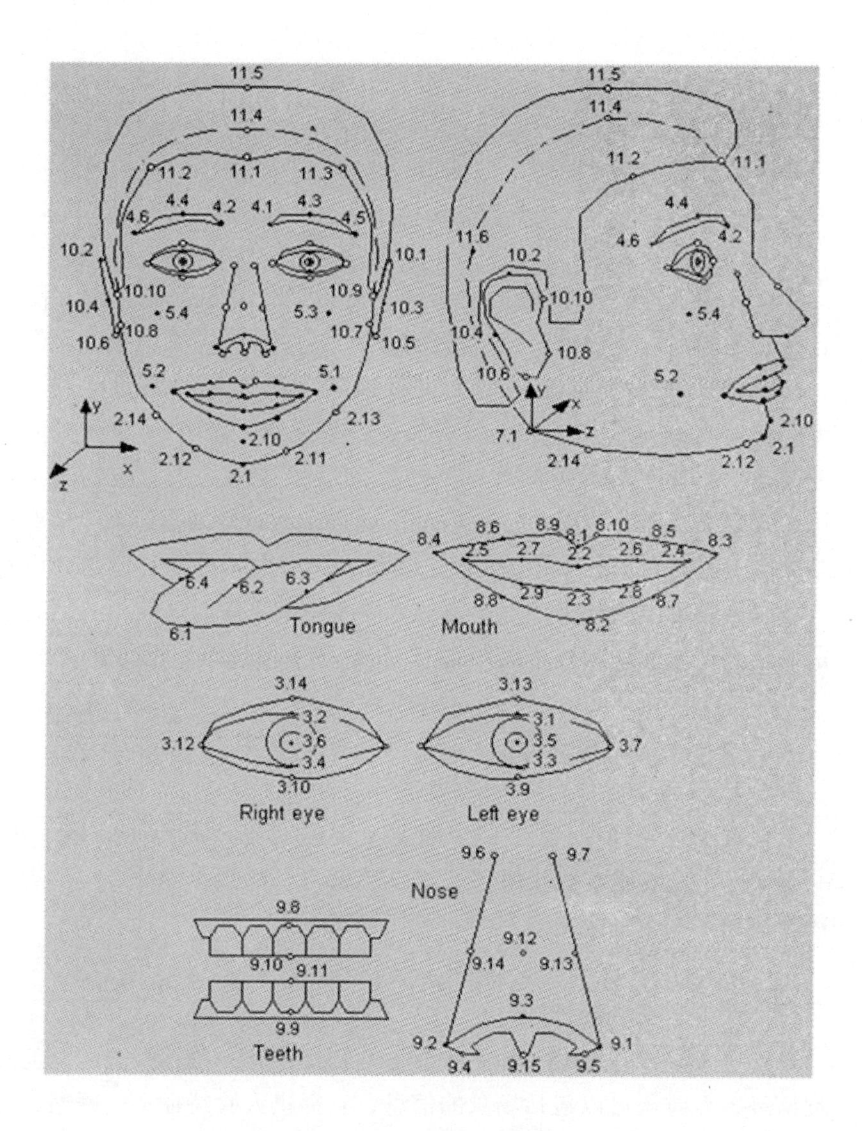

图 6－1　人脸定义参数

（1）FeaturePointsCoord：指定网格中所有特征点的坐标。

（2）TextureCoords：指定所有特征点在纹理上的坐标。

（3）UseOrthoTexture：指定纹理的类型。如果 UseOrthoTexture 值为

FALSE，则纹理采用圆柱投影，如果 UseOrthoTexture 值为 TRUE，则纹理采用正投影。知道纹理类型，才可以正确地计算非特征点在纹理上的坐标。

（4）FaceDefTables：即人脸动画定义表，描述 FAP 对人脸网格变形的控制方式和参数。

（5）FaceSceneGraph：指定包含一张纹理图像或者一个人的脸部模型。

FDP 为选择特征点提供了很好的参考标准和范围，这些特征点都是经过大量的实验分析得到的，它们能够真实地反映人脸表情的变化，是人脸表情的“晴雨表”。

在表 6－1 中，FDP 定义的面部的一些特征点之间有一定的约束关系，从某一个特征点的位置信息可以得知与其有一定约束关系的特征点的位置信息，在表 6－1 中列举了一些特征点间的约束关系，这些特征点的约束关系为我们模型特定化和面部模型变形提供了一些变形约束，简化了一些计算过程。

表 6－1　**特征点的位置约束关系**

特征点	位置约束关系	
标号	位置描述	X 坐标
2.1	下巴底端点	7.1.x
2.2	上嘴唇内侧中点	7.1.x
2.3	下嘴唇内侧中点	7.1.x
2.6	上嘴唇内侧 2.2 与 2.4 的中点	(2.2.x + 2.2.4.x) /2
2.7	上嘴唇内侧 2.2 与 2.5 的中点	(2.2.x + 2.2.5.x) /2
2.8	下嘴唇内侧 2.3 与 2.4 的中点	(2.3.x + 2.2.4.x) /2
2.9	上嘴唇内侧 2.3 与 2.5 的中点	(2.3.x + 2.2.5.x) /2
2.10	下巴突出点	7.1.x
2.11	下巴左角点	>8.7.x 且 <8.3.x
2.12	下巴右角点	>8.4.x 且 <8.8.x

在与 MPEG－4 兼容的人脸动画系统中，人脸模型的特定化和人脸模型的变形都是以中性状态的人脸模型为参考的。在 MPEG－4 中，一

个中性状态的人脸模型是这样定义的（参照图6－1）：

- 目光注视Z轴方向；
- 所有脸部肌肉处于放松状态；
- 眼睑与虹膜相切；
- 瞳孔直径为虹膜直径的三分之一；
- 上下嘴唇接触，唇线处于水平状态并且与两边嘴角处于同一高度；
- 嘴巴关闭，上下牙齿接触；
- 舌头平直，处于水平状态，并且舌尖接触上下牙齿的交界处。

二　人脸动画参数单元

为了使FAP可以应用到不同的模型上，并且能够产生同样的表情，而不使表情由于不同的模型产生走样，MPEG－4定义了人脸动画参数单元（FAPU，Face Animation Parameter Unit），这样FAP独立于具体的模型，具有通用性，这也是MPEG－4追求的一个目标。FAP的值是以FAPU为单位的。FAP与模型无关，而FAPU则是与模型相关的。FAPU是人脸上某段特征长度在1024尺度上的量化值。具体来说，MPEG－4标准中定义了六个FAPU，分别是IRISD、ES、ENS、MNS、MW和AU。它们的物理意义见图6－2和表6－2。

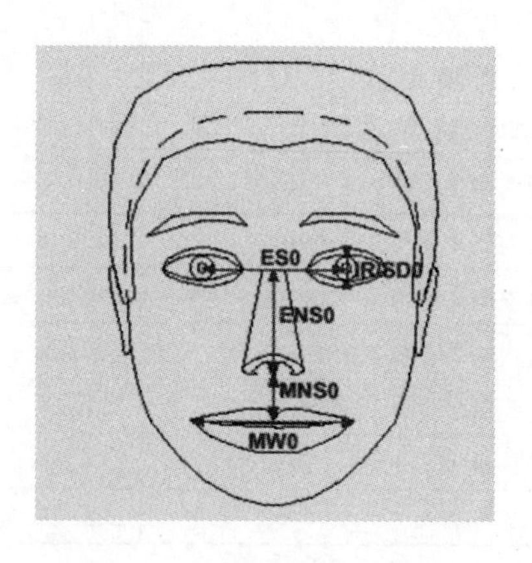

图6－2　人脸动画参数单元

表6－2　**人脸动画参数单元**

IRISD0	虹膜直径	IRISD = IRISD0/1024
ES0	两眼之间的距离	ES = ES0/1024
ENS0	眼睛与鼻子之间的距离	ENS = ENS0/1024
MNS0	嘴巴与鼻子之间的距离	MNS = MNS0/1024
MW0	嘴巴的高度	MW = MW0/1024
AU	角度单位	10e－5 弧度

三　人脸动画参数

MPEG－4 的人脸动画参数与脸部肌肉动作有密切的关系。一个人脸动画参数描述的是脸部肌肉的一个小动作，是一个小的运动单元。人脸动画参数定义了一个完整的基本面部表情的动作集合。每一种表情都可以由这些人脸动画参数来描述，多个人脸动画参数的组合可以得到一系列的人脸动画表情。用人脸动画参数不仅能够产生人类自然表情，还可以产生一些很奇异和夸张的表情。

MPEG－4 共有 68 个 FAP，具体的定义见表6－3。其中前面两个被称作高级 FAP，分别是唇形（Viseme）FAP 和表情（Expression）FAP。除高级 FAP 外，其他的普通 FAP 分别定义了人脸一些小区域的运动和头部的转动。这些运动描述了人脸表情很细致的变化，譬如眉毛的上翘和嘴角地撅起，并且这些 FAP 都和 FDP 中定义的组有密切的关系。两个高级 FAP 的作用是更方便地表现一般的唇动和表情，当然这些唇动和表情也可以用普通 FAP 实现。但是对于复杂的唇动和表情，则只能用普通的 FAP 来实现。

表6－3 描述了部分人脸动画参数的含义、每个人脸动画参数相关的 FAPU 和它代表的运动方向以及所属的组。每个人脸动画参数描述的一个细致的人脸。

表 6 - 3 **FAP 集的描述**

FAP Name	FAP Description	FAPU	Motion	Group
viseme	Setofvalues determining the mixture of two visemes for this frame			1
expression	A set of values determining the mixture of two facial expression			1
open_ jaw	Vertical jaw displacement (does not affect mouth opening)	MNS	Down	2
lower_ t_ midlip	Vertical top middle inner lip displacement	MNS	Down	2
raise_ b_ midlip	Verticalbottom middle inner lip displacement	MNS	Up	2
stretch_ l_ cornerlip	Horizontal displacement of left inner lip corner	MW	Left	2
stretch_ r_ cornerlip	Horizontal displacement of right inner lip corner	MW	Right	2
lower_ t_ lip_ lm	Vertical displacement of midpoint between left corner and middle of top inner lip	MNS	Down	2
lower_ t_ lip_ rm	Vertical displacement of midpoint between right corner and middle of top inner lip	MNS	Down	2
raise_ b_ lip_ lm	Vertical displacement of midpoint between left corner and middle of bottom inner lip	MNS	Up	2
raise_ b_ lip_ rm	Vertical displacement of midpoint between right corner and middle of bottom inner lip	MNS	Up	2

表6－4　　基本表情的描述

表情号	表情名称	具体描述
1	喜悦	眉毛放松，嘴巴张开，嘴角向耳朵方向拉
2	悲伤	眉毛内侧向上弯，眼睛微闭，嘴巴放松
3	愤怒	眉毛内侧向下拉并向内靠拢，眼睛打开，嘴巴紧闭或微微张开并露出牙齿
4	恐惧	眉毛抬高并向内靠拢，眉毛内侧向上弯，眼睛紧张并警觉
5	厌恶	眉毛和眼睑放松，上嘴唇通常不对称地抬高并卷曲
6	惊讶	眉毛抬高，上眼睑大开，下眼睑放松，张开下颚

实现人脸动画的时候，可以依据表6－4，采用具体的算法来实现每个人脸动画参数。面部表情可以用这些人脸动画参数的集合来表示，不同的人脸参数的组合可以得到不同的表情。从表6－4中看到六种常见面部表情可以由面部局部区域运动组成，而这些面部局部区域的运动可以分解成具体的人脸动画参数集合来表示。

第二节　基于MPEG－4的人脸动画流程

MPEG－4三维人脸动画合成研究的主要方向就是提高合成过程自动化水准而又不以牺牲真实感为代价。如图6－3所示，一般来说，生成MPEG－4三维人脸动画需要四个过程：设计一个通用三维网格模型、获取主体对象的深度信息、纹理信息与特定化三维网格模型和设计一个计算模型。

关于通用网格模型，人们总希望设计的模型能很好地表达人脸的面部特性，这就要求模型的网格点数越多越好，与此同时带来的问题是模型的难以操纵和计算量加大。所以模型的最终设计是既要有很好的表达力，计算量也可以接受。

深度信息和纹理信息，要求获取的数据尽量准确和具有真实感，现在已经有许多深度信息和纹理信息获取的方法，比如：三维扫描仪扫描的方法；Thalmann等人在文献［51］中所提的以人的正面和侧面照片作为建模输入的方法；Zhang等人在文献［52］中提到的从视频中提取人脸模型的方法，等等。

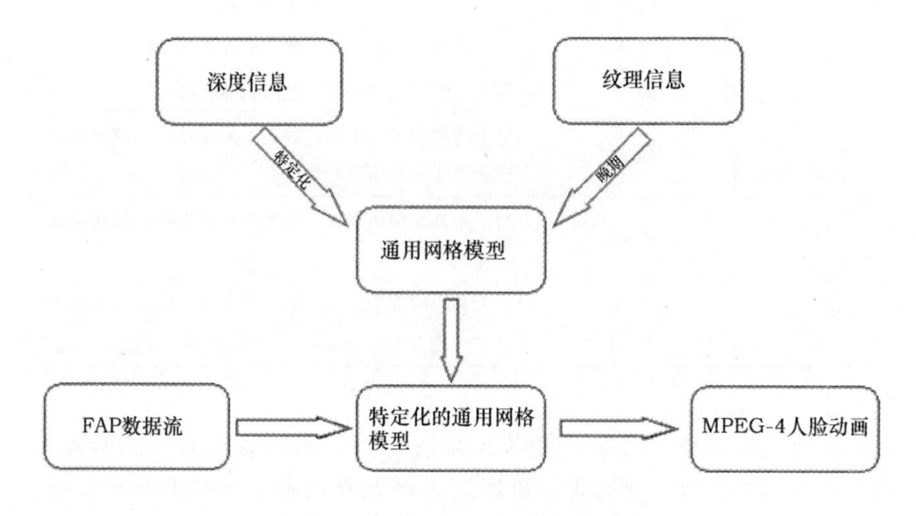

图 6－3　MPEG－4 人脸动画流程图

通用网格模型的特定化，目前比较常用的算法主要有自由变形算法[18]和基于径向基函数变形算法。[53]对于 MPEG－4 动画来说，通用网格模型的特定化要求尽量减少手工的介入。

计算模型是生成动画的关键。为了使网格模型生成人脸表情，必须设法计算每一网格点的位移。经过多年的研究，已经有许多种计算方法，比如：参数化模型、肌肉模型、物理模型，等等。对于实际应用来说，模型的选取与设计首先应该是针对某一特定应用领域的，既能满足相应领域的要求又具有良好的可控性，操作简易性和建模的高自动化程度，便是好的模型，实用的模型。

MPEG－4 是新一代的多媒体压缩标准，采用基于对象的编码方式，允许将场景中的对象进行独立编码，从而为编码和解码提供了很大的方便。MPEG－4 将人脸作为一个专门的对象，并且为人脸动画制定了一系列的标准。MPEG－4 使用两个参数集合来定义人脸：FDP 和 FAP。FDP 用来定义人脸的几何信息和纹理信息，描述了人脸的外观和特征。在 FDP 中，MPEG－4 定义了 84 个特征点，用这些特征点可以控制人脸的变形。MPEG－4 共定义了 68 个 FAP，分成 10 组。FAP 表示了一个完整的基本脸部动作集合。一个完整的面部表情和动作可以由多个 FAP

组成，不同的 FAP 组合就可形成多种多样的人脸表情和动作。参考 MPEG－4 的人脸模型规范，可以开发出兼容性很强的人脸动画系统。

第三节　面向 MPEG－4 的人脸建模及特定化

人脸建模是实现人脸动画的第一步，也称一般人脸模型的特定化，即用一般人脸模型表示特定人脸，其目标是使模型能表达特定人脸的几何和纹理特征。一般说来，由一般人脸到特定人脸的映射过程，首先对一般模型按照特定人脸的几何信息进行校准，在几何形状上接近特定人脸；然后将特定人脸的纹理信息映射到一般模型，完成具有真实感的人脸建模。

面向 MPEG－4 的人脸建模，模型特征点的位置应兼容于 MPEG－4 标准，所以进行人脸模型校准时，要按照面部定义参数（FDP）选择中性人脸特征点位置，确保模型基本编码两端的人脸模型特征点位置一致。

一　通用网络模型

MPEG－4 模型规范是基于语义参数的，所以基于参数的模型最易于扩展到 MPEG－4 标准。文章使用的通用网格模型就是一个参数化的网格模型，该模型（图 6－4）由 1040 点和 1704 个三角形组成，包括头皮、面部、眼睛、耳朵、舌头等部分，完全细致地描述人头的基本特征。为了真实地表示模型，该模型采用非均匀网格来表示，大量的三角形分布在模型的眼部和嘴部，舌头以及耳朵，突出了面部这些器官的细节，为真实的动画生成打下基础。特定化时需要在模型上选择标定点，用来特定化模型和网格变形。

采用该参数化的模型基于下面的几个原因：

（1）人脸参数模型生成的动画比较细致，能够生成由面部肌肉伸缩度较小引起的细微表情变化。利用参数模型还可以描述瞳孔的放大，以及鼻子的伸缩等细节。

（2）人脸参数模型比较容易和 MPEG－4 的人脸模型规范结合起来，这样为建立与 MPEG－4 兼容的人脸动画系统提供了方便。

（3）人脸参数模型有较好的扩展性。可以在已有的参数化人脸模型上增加一些参数来控制模型，可以更加细致地生成表情，这为后续工作提供了便利。

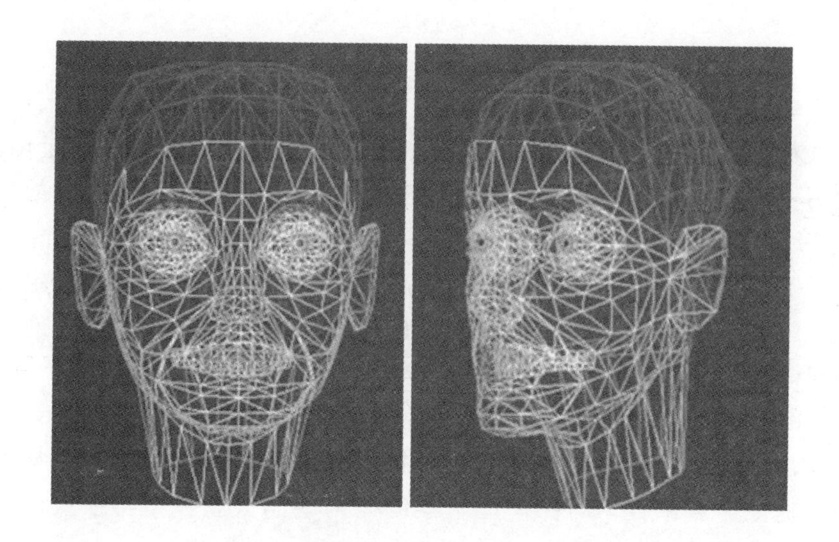

图6－4　通用网格模型

在人脸合成端进行动画合成，因为只需按照人脸动画参数驱动网格，不需要进行整体模型的迭代优化，计算量主要集中在网格节点的变形和纹理渲染上，相对特征跟踪更关注人脸细小表情合成的真实性，所以希望动画网格可以相对密集。

二　模型特定化

为了增强人脸动画的真实感，人脸模型的特定化是很重要的一步。人脸模型特定化的过程是一个由几何模型代表的一般人脸到特定人脸的变换过程，也可以说是一个映射过程。人脸模型特定化的目标是使模型能和某个人的面部特征相匹配，包括面部的几何和纹理。所以，人脸模型的特定化都要对模型的几何进行校准即人脸模型校准，然后经过纹理映射增强人脸模型的真实感。

人脸模型的校准实质上是一个空间变形的问题。这个问题可以描述为：已知三维网格模型上所有的网格点 P 和 K＋1 个控制点的位置，当控制点从空间位置 P_i 移动到空间位置 P_i'，$\Delta P_i = P_i' - P_i$　$(0 \leqslant i \leqslant K)$，如何求解网格点 P 的位移 ΔP 。在 MPEG－4 人脸动画系统中，可以使用 FDP 给出中性状态人脸模型上全部或者部分的特征点位置信息。经过人脸模型校准后，人脸模型能够在几何形状上接近一个特定人的人脸。

人脸模型校准只是人脸模型特定化的一步。人脸模型校准可以让人脸模型在几何上和一个特定人的人脸相似，但是绘制出来的人脸缺少面部的细节信息，所以缺乏真实感。给人脸模型进行纹理映射，增加其真实度是人脸模型特定化的一个重要组成部分。

文章首先利用三维扫描仪获取特定人脸的深度信息和纹理信息，然后再利用径向基插值技术和纹理映射技术特定通用网格模型。为了提高特定化的准确性，文章采用多次径向基插值运算的方法，取得了较好的效果。

三　基于三维扫描仪的数据采集

三维激光扫描仪利用激光技术和成像技术可以准确地测量出人脸的几何位置，并且可以得到人脸的面部的真实的纹理信息。图 6－5 中的扫描仪是文章提到的三维激光扫描仪。

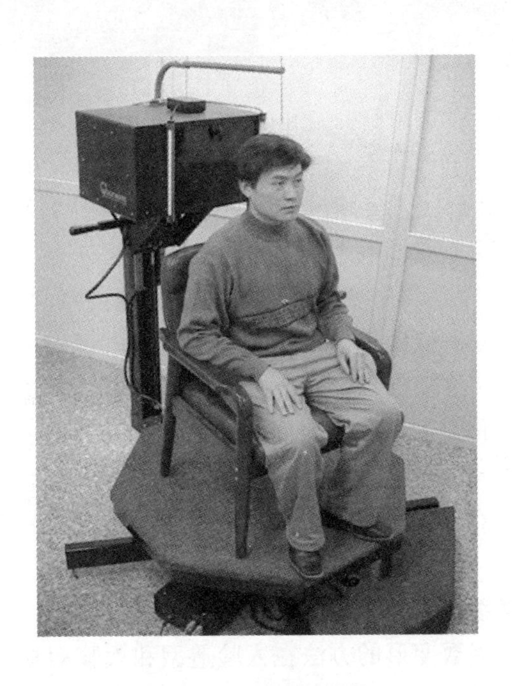

图 6－5　激光扫描仪

该扫描仪的扫描时间很短，在10秒钟内围绕人头扫描一周就可以得到该人头的几何数据和纹理数据。扫描仪围绕人头部旋转360°进行扫描，得到人脸的三维几何信息和纹理信息，然后构造出具有纹理的三维人脸网格模型。三维网格模型由若干三维网格点和网格点围成的多边形面片构成，网格模型的规模（模型中网格点和面片的数量）决定了网格模型的真实感和细腻程度，同时，网格模型的规模也会影响模拟运动的计算量。

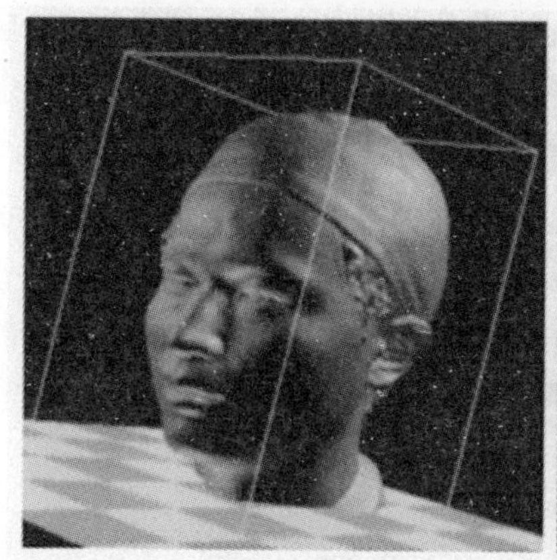

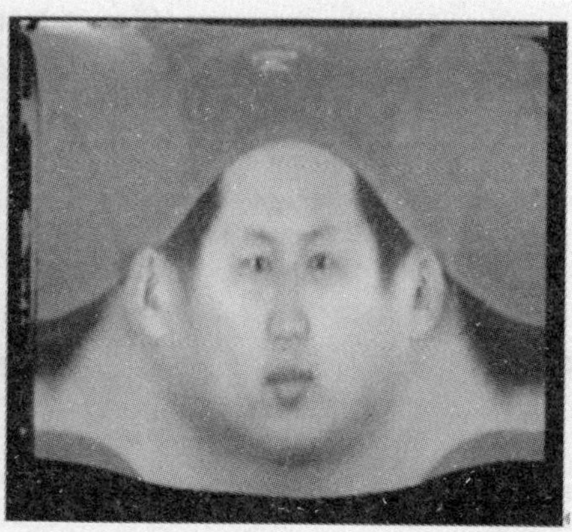

图6－6　几何信息和纹理信息

图6－5和图6－6分别是由激光扫描仪得到一个人头的几何信息和纹理信息。空间几何信息包括密集的空间几何采样点，由采样点三维坐标表示（约20万），以及描述采样点空间连接关系的三角网格（约40万）。彩色纹理信息包含每一个采样点对应的一个24位彩色（R、G、B）纹理像素点（纹理点），通过一个全视图的BMP图片来表示。其中深度信息和纹理信息有着一一对应的关系，人脸的每个三维空间点都在纹理图上有一个唯一的纹理坐标，这样既可以通过空间点的三维坐标找到该点的纹理信息，也可以通过纹理信息找到对应的三维空间点。

四　径向基插值算法

基于径向基函数变形的方法在人脸造型和人脸动画都有很好的应用案例。在解决人脸模型校准问题时，可以用散乱数据插值的方法来完成人脸模型的几何特定化。这种方法用一个光滑的插值函数 $f(p)$ 来求解网格点 p 的位移，该插值函数在控制点处 p_i 满足以下的约束条件：

$$f(p_i) = \Delta p_i \quad (0 \leqslant i \leqslant n)$$

插值函数 $f(p)$ 有很多取法，文章在实现过程中选择了径向基函数作为插值函数，并且取得了很好的效果。该插值函数的原型为：

$$f(p) = \sum_{i=0}^{n} u_i \varphi(\| p - p_i \|) \quad (0 \leqslant i \leqslant n)$$

其中 $\| p - p_i \|$ 是 p 到 p_i 的欧氏距离，$\varphi(x)$ 称为径向基函数。一般为了表达整体变换，需要在插值函数中加上低阶多项式，则修正插值函数为：

$$f(p) = \sum_{i=0}^{n} u_i \varphi(\| p - p_i \|) + Mp + t \quad (0 \leqslant i \leqslant n)$$

将控制点的约束条件带入插值函数中，可以得到：

$$\Delta p_j = \sum_{i=0}^{n} u_i \varphi(\| p_j - p_i \|) + Mp_j + t \quad (0 \leqslant j \leqslant n)$$

将上式与仿射变换约束条件

$$\sum_{i=0}^{n} u_i = 0$$

$$\sum_{i=0}^{n} u_i p_i^{\ T} = 0$$

联立，就可以求解出插值函数中的系数 u_i 以及仿射变换的分量 M 和 t 。

径向基函数 $\varphi(x)$ 有很多种选择，最后经过实验选取了

$$\varphi(x) = e^{-x/c}$$

其中系数 c 和具体的模型有关，其参考值为 64。具体的取值根据变形的结果可以做适当的调整。

可以看出，径向基函数变形是一种全局性的插值算法，每个点对模型的变形都有贡献。尽管如此，径向基函数变形也可以用于产生人脸动画。

五　柱面投影算法

文章在进行纹理映射时需要用到柱面投影技术。柱面映射的原理见下图：

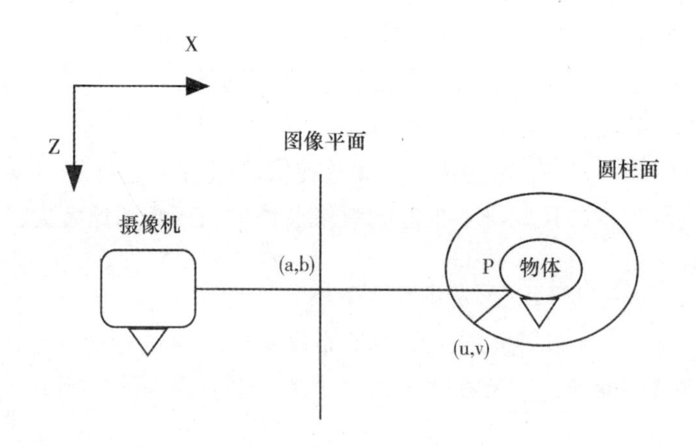

图6-7　柱面投影

从圆柱的轴心投射一条经过P点的射线，射线与圆柱面相交的坐标（u，v）便是P点的圆柱投影坐标，而P点在照片I中的坐标为（a，b）。假设圆柱的半径为r，当z=-r，x=0时，u=0；对点P（x，y，z），有：

$$u=\begin{cases}\arcsin(|x|/\sqrt{x^2+z^2}),(x\leqslant 0,z\leqslant 0)\\ \pi-\arcsin(|x|/\sqrt{x^2+z^2}),(x\leqslant 0,z>0)\\ \pi+\arcsin(|x|/\sqrt{x^2+z^2}),(x<0,z\geqslant 0)\\ 2\pi+\arcsin(|x|/\sqrt{x^2+z^2}),(x<0,z<0)\end{cases}$$

$v=y$,

为了便于处理显示，进一步把（u，v）转化为大小为w·h的矩形新贴图中的坐标（x′，y′），即相当于把圆柱面展开成平面贴图。其中u=0时，x′=0；u=2π时，x′=w；v=-r时，y′=0；v=r时，y′=h；则有：

$x'=w\cdot u/2\pi$，$y'=(v+r)\cdot h/2r$。

六　通用模型特定化

如何利用扫描仪得到的人脸数据来进行人脸模型的特定化是接下来要解决的一个问题。文章采用三维人脸扫描数据进行人脸模型的特定化的方法的基本思想是：首先将在人脸纹理图像上标定一些特定点，这些特定点在人脸模型上都有对应点，如下图所示；从扫描仪得到的数据中计算标定点的三维空间位置；采用插值算法进行人脸几何模型校准；最后，将特定人的几何模型柱面投影到纹理图像，并用纹理映射将人脸纹理贴在特定人的模型上，从而得到一个特定人的人脸模型。

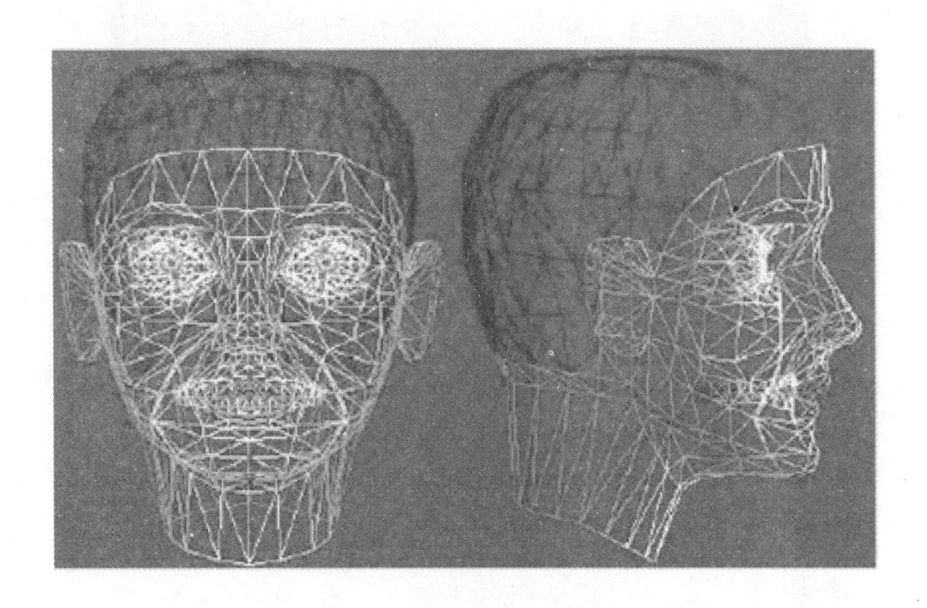

图6－8　通用模型的标定点

首先在通用网格模型（见图6－8）上选取49个特征点，这些特征点都可以在纹理图（见图6－9）上找到一个对应点。然后我们把通用网格模型柱面投影到纹理图上。由于先前我们在三维通用网格模型上选定的特征点 $p_i^{(0)}$ 在纹理图上的二维对应点为 p_i ，设 $p_i^{(0)}$ 在柱面投影后的二维对应点是 $p_i^{(1)}$ ，则 p_i 是特征点 $p_i^{(1)}$ 的偏移后的坐标，采用上面提到的径向基插值算法对柱面投影后的网格模型在二维空间进行插值便可以获得每一个网格点的纹理坐标（见图6－9），同时根据3D Scanner

的纹理信息和三维形体信息的对应关系，可以获得每一个网格点三维上对应的新坐标。这样，通用三维网格模型上的每一网格点都有了纹理信息，并且在形体上已经被初步特定化。

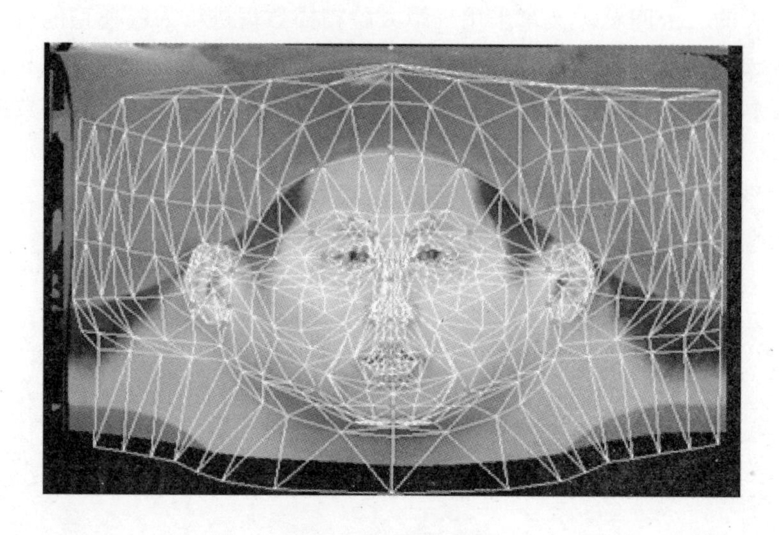

图6-9　纹理映射

虽然初步特定化的模型的纹理信息已经比较准确，但经过实验发现模型在形体上的一些区域，比如脖子、头部等特定化不够准确，面部也有轻微的变形。为此，再次在模型上选取最显著的13个特征点，分别为：眼睛的左右眼角，鼻尖，嘴巴的上下左右端，耳朵的上下端，然后，在3D Scanner的形体信息中找到这13个特征点的对应点的三维坐标，利用这些数据，对已经初步特定化的网格模型在三维上进行径向基插值。

实验证明，此特定化方法可以获得良好的效果，见图6-10。此外，由于舌头、牙齿的纹理信息难以直接获得，对这些部位应做单独的纹理映射。

总之，文章所提出的人脸建模方法是一种人脸通用模型特定化的方法。这种方法的优点有：

（1）所需的用户交互少，主要的手工工作只是选取人脸的50多个主要特征点。

（2）特征的定位是根据纹理图的信息作出的，避免对深度图的依赖。

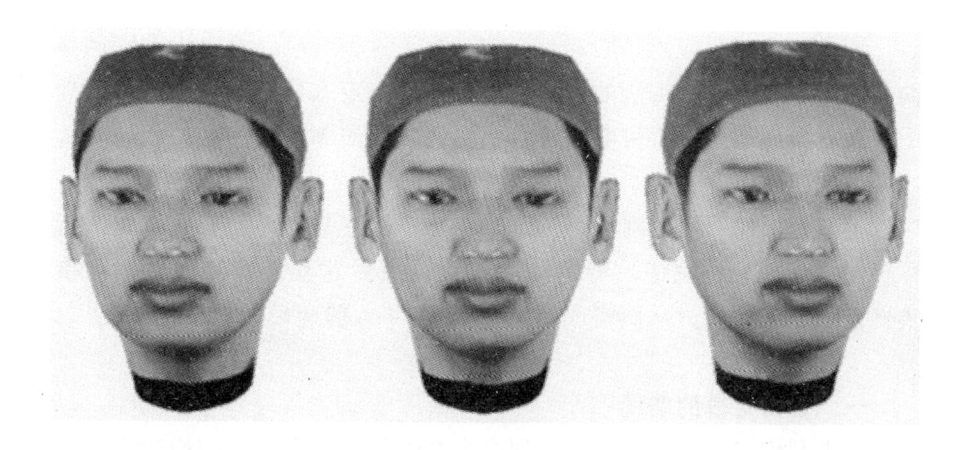

图6-10　特定化结果

（3）使用径向基函数插值算法完全自动地实现从人脸特征点到所有模型顶点的插值。

（4）人脸模型的特定化并不改变模型的拓扑结构，这样，原先可以在通用模型上进行的动画也可以在特定化后的人脸模型上进行。

（5）建模的方法是比较“自动化的”，主要的手工工作只是选取人脸的一些主要特征点。

第四节　基于三维重建人脸的特定化

上一节介绍的特定化方法虽然取得了较好的效果，但是这种方法缺乏扩展性，对于不同主体对象都要重复执行相同的特定化动作。为了彻底实现 MPEG-4 人脸建模的自动化，避免不必要的重复劳动，文章引入了基于三维重建人脸的特定化方法。

基本思想是：输入一个特定人的二维纹理图片，首先利用基于重采样的三维可变形组合模型（形变模型）三维重建该特定人脸模型，重建模型是基于稠密点集的；然后利用这个特定人脸模型将中性的通用网格模型特定化，通用网格模型是兼容于 MPEG-4 的稀疏点集构成的；一旦这个特定化操作执行完毕就建立了稠密网格和稀疏网格（或通用网格模型）之间的对应。因为三维可变形组合模型是基于重采样的，保证了拓扑和特征是固定的，从而可以在稠密点集中找到对应的稀疏网格点，而且这样的对应也是固定不变的。有了这种对应，可以将稠密网格简化为适用于模型基编码的稀疏网格，任何特定人只要有一张二维纹理图片，就可以通过三维可变形组合模型完成面向 MPEG－4 的人脸建模，这样大大减少了工作量。

下面先描述可控的网格简化思想，然后描述基于重建三维数据进行稀疏网格（或通用网格）特定化的过程，最后建立重建三维数据和稀疏网格之间的对应，从而实现面向 MPEG－4 人脸建模的自动化。

一　自动建模的实现

首先利用三维可变形模型得到一个基于重采样的拓扑结构固定的特定人脸模型，这个模型是基于稠密点的。重建数据保持了原始扫描数据的特点，并进行了数据的重组织。然后利用下面描述的方法，在基于稠密点的重建数据上对稀疏网格进行特定化。

利用人脸三维重建数据对一般人脸网格模型进行特定化方法如下：首先在重建人脸的纹理图像上标定一些特定点；其次从重建得到的数据中计算得到标定点的三维空间位置，采用插值算法进行人脸几何模型校准；最后，将特定人的几何模型柱面投影到纹理图像，并用纹理映射将人脸纹理贴在特定人的模型上，从而得到一个特定人脸的稀疏网格模型。具体实现请参考上一节介绍的模型特定化方法。

这样一个特定人有了两个网格模型，两个模型在同一个坐标系中，空间结构近似相等，但网格疏密不同，要建立两个网格间的对应。将特定人的纹理图和稀疏网格柱面展开并重叠，在稠密网格上找到和每个稀疏网格节点对应的节点，这一步的准确性对建立对应非常重要。

如图 6－11 所示，虚线三角形 ABC 就是稀疏网格中的一个面片，它的三个顶点也是稠密网格中的节点，实线的四边形网格表示稠密网格。为了建立四边形网格和三角形网格的对应，要找到三角形每个节点在稠密网格上的对应点，即确定最佳逼近所有三角形的一组节点，那么所有节点构成的多个四边形网格就组成这个三角形网格，如图中的灰色区域。

在稠密网格上找到对应点的过程，充分利用面部几何特征和纹理颜色信息，使用最近距离算法，得到对应点。因为建立对应只要做一次，所以希望尽量准确，加上一定的手工调整。

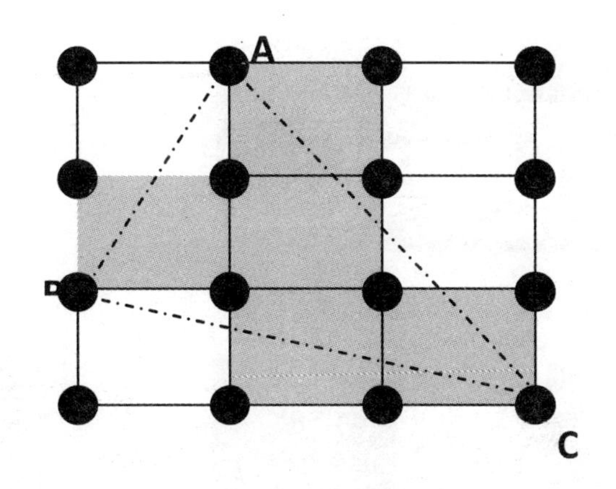

图6－11　两类网格之间的对应

因为所有稠密网格的节点编号与拓扑是不变的，而稀疏网格的节点编号与拓扑也是不变的，这样就找到了稠密网格节点和稀疏网格节点之间的对应。记下所有的对应关系，包括每个节点。三维人脸重建过程中拓扑是不变的，上述节点间的对应关系满足任何重建的三维人脸数据，所以经过可变形模型重建出的三维人脸都可以直接转换为可驱动的稀疏网格，而不再需要手工介入。对任意重建得到的人脸模型，按照上述对应关系可以进行几何简化（见图6－12）。

同上一节介绍的建模相比，基于三维重建人脸的方法，只需要特定人的二维纹理图就可以实现面向 MPEG－4 的自动建模，减少了三维数据的获取和利用径向基插值特定化通用模型等中间步骤，大大减少了工作量。

二　自动化人脸建模的纹理调整

网格简化的结果，是多个四边形网格被一个三角形网格代替。三角形内部的多个节点的颜色值被忽略，直接用三角形三个节点的颜色值填充该面片。网格简化对节点颜色值的影响是使各个面片的颜色被平滑化，颜色的对比度降低。

三角形网格节点的纹理可以直接采用对应的稠密网格节点纹理，非常简便，但在面部某些区域会带来一些问题。在面颊等颜色变化比较平缓的地方，这样的降低不会影响视觉。但是在眼睛和嘴巴等颜色变化比较剧烈的地方，图像的轮廓和边缘就会模糊化。而且有时由于三维人脸

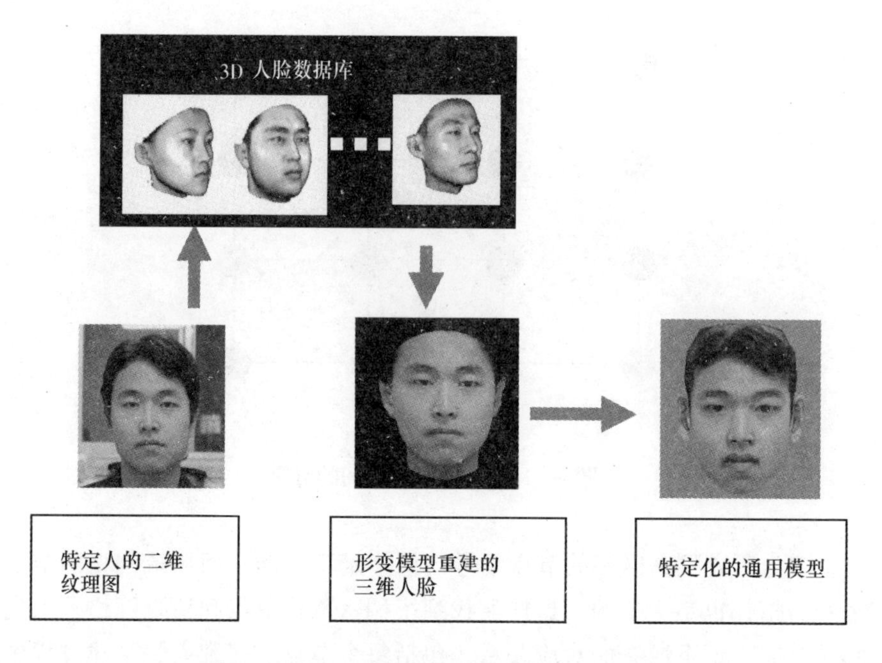

图 6-12　基于可控网格简化的自动人脸建模

建模的过程本身以及网格简化时节点对应产生的误差，也会使轮廓和边缘部分产生颜色越界。

本书认为在这样的情况下，图像轮廓和边缘的颜色值不能直接采取简化后节点的纹理值，而应该用简化前周围相关的稠密点纹理插值组合为边缘的颜色值，对纹理图像中简化后的轮廓边缘的节点颜色值进行锐化。将轮廓边缘的节点按照图像边缘的法线方向，按照文献［61］中描述的局部滤波器来考察各个节点周围的颜色强度规律。下文以灰度表示，颜色值同理。

其实质相当于用一个局部滤波器沿着图像边缘附近移动，于是在每个边缘节点附近可以生成以多个节点为中心的多个局部区域。如图 6-13 所示，t_1、t_2 表示边缘节点 t 附近沿切线的节点，深色部分和浅色部分的交界表示轮廓边缘。代表滤波器长度的线段 $t_5\,t_3$ 和 $t_6\,t_4$ 沿轮廓边缘的法线方向，垂直于代表滤波器宽度的线段 $t_1\,t_2$，并分别以节点 t_1、t_2 为对称点，这样就生成一个以线段 $t_1\,t_2$ 对称的局部区域。根据图像中轮廓区域的大小，可以灵活选取滤波器的长度和宽度（比如可分别取 8 像素和 4 像素）以及局部区域的个数（比如可取 10 个）。

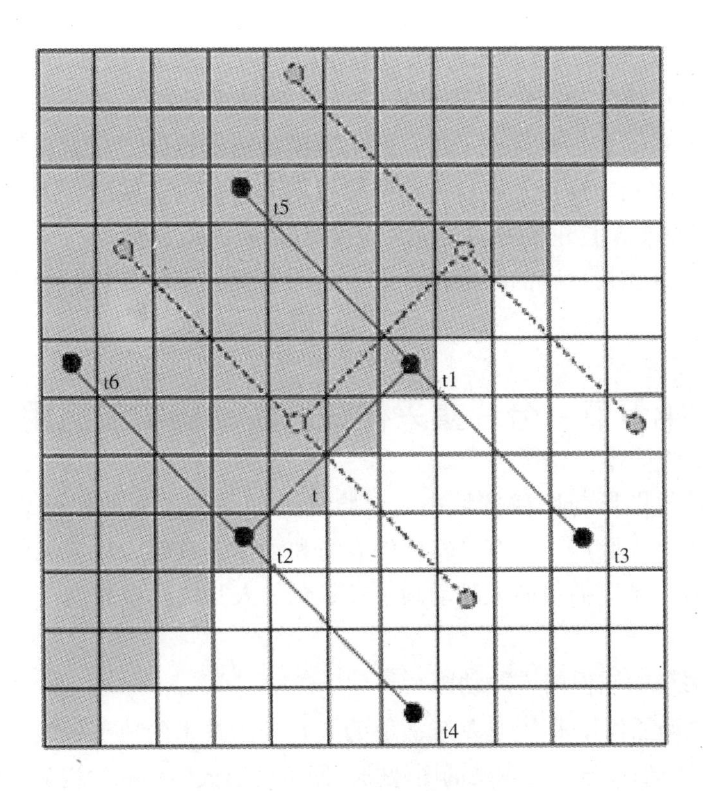

图 6－13　局部滤波器的设计

局部滤波器的使用基于以下事实：假如两个像素点位于同一物体的相近区域，那么其灰度差就应小于分别位于不同物体、同一物体的不同区域或分别位于物体和背景的两个像素点间的灰度差。实验中的纹理图像，在嘴巴和眼睛边缘两侧的节点，靠近外部一侧相对较亮，而靠近内部一侧相对较暗。

设计如下的滤波器表达式，这里 $I(t)$ 代表灰度值。

$$|I(t_1)-I(t_2)| < Min(|I(t_4)-I(t_1)|, |I(t_3)-I(t_2)|, |I(t_5)-I(t_2)|, |I(t_6)-I(t_1)|)$$

$$Max(|I(t_5)-I(t_2)|, |I(t_6)-I(t_1)|) < Min(|I(t_3)-I(t_2)|, |I(t_4)-I(t_1)|)$$

当滤波器的灰度同时符合上述两式时，则保持 t_1, t_2, t 的位置不变，否则就需要调整节点的位置。

沿 t_6t_4 方向计算梯度，将每相邻两点的灰度差绝对值表示为梯度。沿 t_6t_4 方向上所有点的梯度得到后，梯度最大的点表示灰度跳跃最大的边缘点，将该点设为 t_2 。同理，沿 t_5t_3 方向计算梯度，将梯度最大的点

设为 t_1 。t 点的灰度设为 $t = (t_1 + t_2)/2$ 。

人脸建模及特定化是 MPEG－4 人脸动画的前提，是计算机模拟面部表情的基础。主要讨论了将一般人脸模型特定化的方法。首先介绍了使用基于激光扫描仪来进行人脸模型特定化的方法。接着，为了彻底实现 MPEG－4 人脸建模的自动化，避免不必要的重复劳动，文章引入了基于三维重建人脸库的特定化方法，是下一步的人脸分析和合成等工作的基础。

第五节　分片重采样在人脸动画中的应用

计算机图形与图像领域中，人脸动画即是控制人脸模型表面的变形，使模型人脸产生具有真实感的表情和动作。目前，较常见的人脸动画技术有：基于插值的人脸动画、参数化的人脸动画以及基于肌肉的人脸动画。

• 关键帧插值的人脸动画

关键帧插值技术[51]是基于插值的人脸动画技术的典型代表。该方法只需给定具有关键代表意义的图像帧，即可生成人脸动画中视觉上所需的其他图像帧。该方法简洁，在计算机动画技术中得到充分的应用。如图 6－14中，左边的人脸图像和右边的人脸图像是定义的关键帧，中间的人脸图像是用关键帧插值技术对整个人头进行全局插值得到的结果。

图 6－14　人脸模型全局插值示例

关键帧插值技术可以下面的数学公式来表示：

$$V = V_1 * \alpha + V_2 * (1 - \alpha) \quad (0 < \alpha < 1) \tag{6-1}$$

（6－1）式中，V_1、V_2 为动画序列中的前后两帧，视其为关键帧，V 为经插值得到的一帧图像，α 为帧间插值系数，动画序列中的图像皆由该式计算得到。插值结果与系数 α 直接相关，获得一个好的 α 需要多次的尝试，比较耗费时间。

• 参数化的人脸动画

参数化的人脸动画技术[3,4]克服了基于插值的人脸动画技术的一些缺陷。理想化的参数化模型可以用一些相互独立的控制参数来描述任何脸形的任何表情。与插值方法不同的是：参数化的人脸动画技术可以显式地控制人脸模型的局部区域变化；参数的组合可以生成大量的丰富的人脸表情和动作。由于参数化的人脸动画技术的控制参数是根据面部的一些区域设置的，这样生成人脸表情时会产生区块效应。要生成真实的丰富的人脸表情和动作，一般都需要调节大量的控制参数，这个过程也相当耗时。

• 基于肌肉的人脸动画

基于肌肉的人脸动画技术[7,8]是一种基于人脸解剖来模拟面部运动的方法，它将复杂的人脸运动简化为一组肌肉的收缩。Waters 肌肉模型是一种运用得较为广泛的模型（图6－15），其肌肉 $\overrightarrow{V_oV_T}$ 由两个点确定：骨骼附着点和肌肤插入点，当肌肉收缩时，$\overrightarrow{V_oV_T}$ 对其影响范围内的网格点产生类似引力的作用力。$\overrightarrow{V_oV_T}$ 的影响范围由肌肉张角 α 和影响半径 r_E 确定，衰减区域由 r_E 和衰减半径 r_F 确定，肌肉收缩因子为 c（$0 \leqslant c \leqslant 1$）时，点 P 在力作用下的位移：

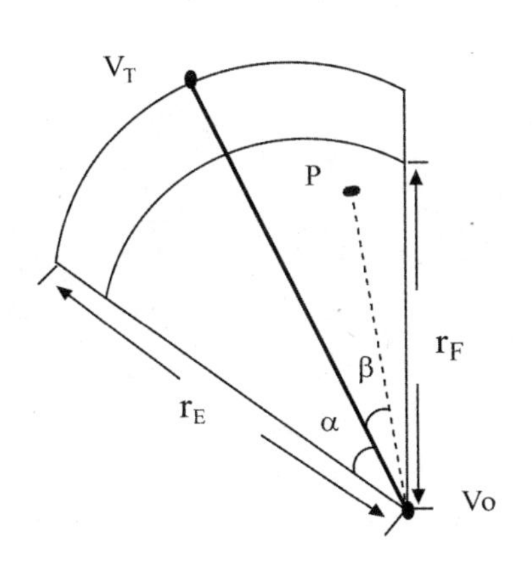

图6－15　肌肉作用范围示意图

$$\Delta P = (V_0 - P) * c * \delta \tag{6-2}$$

其中 δ 是作用力的非线性衰减因子，由角度衰减因子 δ_A 和距离衰减因子 δ_B 组成，$\delta = \delta_A \cdot \delta_B$ 。

$$\delta_A = \begin{cases} (\cos\beta - \cos\alpha)/(1 - \cos\alpha) & \beta \leqslant \alpha \\ 0 & \beta > \alpha \end{cases}$$

其中 β 为 $\overrightarrow{V_o V_T}$ 和 $\overrightarrow{V_o P}$ 的夹角。

$$\delta_B = \begin{cases} \cos((d - r_F)/(r_E - r_F)) \cdot \pi/2 & r_F \leqslant d \leqslant r_E \\ 1 & d \leqslant r_F \\ 0 & d \geqslant r_E \end{cases}$$

其中 $d = \| \overrightarrow{V_o P} \|$ 。

在式（6-2）中，肌肉收缩因子 c 和肌肉的收缩的强度有关，改变肌肉收缩因子可以得到不同幅度的面部表情和动作。

一 基于形变模型与重采样的三维人脸动画

特征对应是动画的必要条件，上一部分提到的基于光流改进的对应算法只有在大量原型人脸的基础上有良好的效果，而人脸动画通常只给定几幅关键帧，因此不适用。第五章提出分片重采样的方法则克服了该缺陷，直接在三维上计算，即使是两张三维人脸的对应，效果也是最佳的，以两张人脸的 morphing 为例，如图 6-16，将三个差异较大的人脸分片重采样后，直接对需变形的人脸对应的点插值计算来生成 morphing 过程，各个特征及整个面部过渡平滑自然。

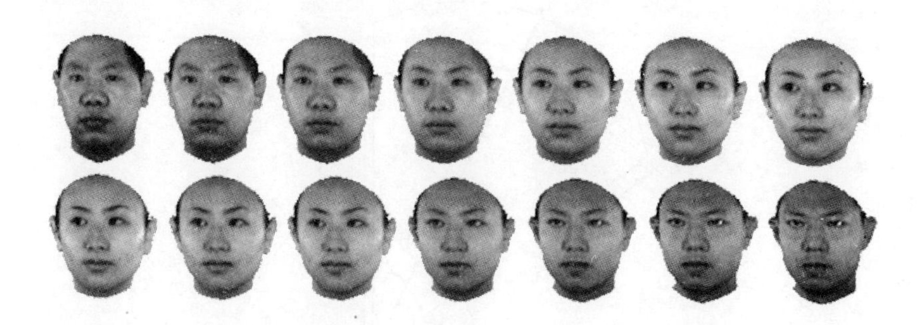

图 6-16 一个简单的 morphing 的例子

鉴于三维人脸形变模型可以自动建立任意人真实感人脸模型，我们尝试实现任意人的参数化人脸动画方法。如图 6－17 所示为人脸动画方案，其中包括两部分的工作，一是使用三维人脸形变模型建立给定人脸图像的三维人脸模型用于动画，图中左半部分；二是建立人脸表情动画参数化表示模型，图中右半部分，首先需要获取一定数量的三维表情人脸数据，将表情人脸数据与中性人脸数据进行对比分析，并参数化，该表情参数化应该是独立于特定人脸的参数表示形式，将该表情参数用于驱动第一步建立人脸模型，从而产生表情动画。基于形变模型的人脸动画的关键是要获取足够多的准确的三维人脸动画数据，以及如何建立表情的参数化表示模型问题。

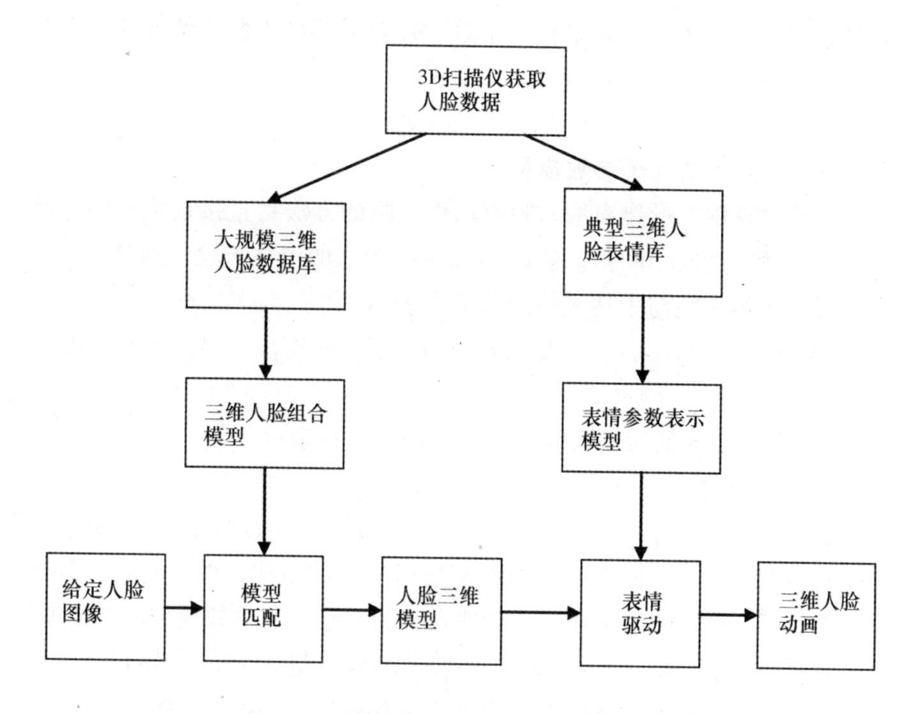

图 6－17　基于形变模型的人脸三维动画过程

二　获取动画数据

人脸运动与表情变化具有瞬时性和空间复杂性，三维人脸的动画数据较之二维更难获取。三维人脸扫描仪能够准确简单地捕获人脸的静态三维数据，但不能捕获人脸动态的表情变化。因此，使用扫描仪获取人脸基本动作或表情的静态关键帧数据，在这些具有表情或运动信息的三维人脸数据的基础上分析人脸的运动和变化，并建立参数控制模型。

我们采集人脸的七种基本表情人脸数据：中性、愤怒、厌恶、害怕、快乐、悲伤、惊讶。获取的运动和表情数据使用第五章的分片重采样方法，计算同一人脸的不同表情或运动状态的人脸以及不同人脸间的像素级对应关系，为运动和表情数据的分析和参数化提供基础。通过重采样方法，获取的运动表情人脸数据就具有下面的统一的规格化形式：

$$\begin{matrix} S'_{ij} = (X_{ij1}, Y_{ij1}, Z_{ij1}, X_{ij2}, \cdots, X_{ijn}, Y_{ijn}, Z_{ijn})^T \\ T'_{ij} = (R_{ij1}, G_{ij1}, B_{ij1}, R_{ij2}, \cdots, R_{ijn}, G_{ijn}, B_{ijn})^T \end{matrix} \quad 1 \leqslant i \leqslant N', 1 \leqslant j \leqslant M_E$$

其中，S'_{ij} 是第 i 个人的第 j 种表情人脸的形状向量，T'_{ij} 是对应于形状向量 S'_{ij} 的纹理向量，N' 是采样人个数，M_E 是采样的人脸表情或动作状态数，n 是重采样后人脸的点数。

三　人脸表情动画参数模型

最简单直观的量化表情人脸或动作人脸的方法是直接插值表情人脸与中性人脸来生成中间帧，假设 S'_{i0} 是第 i 个人的中性人脸，则其他表情人脸可用表情人脸与中性人脸的插值来表示：

$$\Delta S'_{ij} = S'_{ij} - S'_{i0} = (X_{ij1} - X_{i01}, Y_{ij1} - Y_{i01}, Z_{ij1} - Z_{i01}, \cdots, X_{ijn} - X_{i0n}, Y_{ijn} - Y_{i0n}, Z_{ijn} - Z_{i0n})T$$

从而第 i 个人的表情人脸可使用下面的向量表示：

$$V_i = \{\Delta S'_{i1}, \Delta S'_{i2}, \cdots, \Delta S'_{iM_E}\}$$

由于上面的表情表示仅仅是第 i 个人的表情人脸量化表示，因此我们通过对所有样本人脸的表情或动作都进行上面的量化，然后对每一种表情或动作进行建模，建立独立于个性人脸的人脸表情参数模型。具体的，对每种表情 j 的表情向量组 $\{\Delta S'_{1j}, \Delta S'_{2j}, \cdots, \Delta S'_{N'j}\}$ 进行 PCA 变换建立该种表情或动作的参数表示模型，经过 PCA 变换表情 j 可用下式表示：

$$\Delta S'_j = \overline{S'_j} + \sum_{h}^{H-1} \mu_{jh} s'_{jh} \tag{6-3}$$

其中 $\overline{S'_j} = \sum_{i=1} \Delta S'_{ij}$ 是 j 的表情向量组的平均向量，$(s'_{j1}, s'_{j2}, \cdots, s'_{j(H-1)})$ 是 j 表情标准化向量经过 PCA 变换后的主分量（为简化模型，对于所有 j 取相同的主分量个数，这可以通过对同一特征值贡献率取所有 j 的主分量个数的最大值实现），$\mu_j = (\mu_{j1}, \mu_{j2}, \cdots, \mu_{j(H-1)})$ 是第 j 表情的变形参数，

通过这些参数的变化可以产生同一表情的局部变化。经过上面的变换我们得到参数 $\mu = \{\mu_1, \mu_2, \cdots, \mu_{M_E}\}$ 表示的人脸动作和表情表示形式：

$$V(\mu) = \{\Delta S_1', \Delta S_2', \cdots, \Delta S_{M_E}'\} \tag{6-4}$$

此外，考虑到每种表情或动作因人的个体差异会存在幅度上的不同，如笑有微笑、大笑等，所以在这里对上面的表情或动作模型加入全局的约束参数，以产生表情或动作的全局变化。即对式（6－4）进行改进得到下面的表示形式：

$$V(\omega, \mu) = \{\omega_1 \Delta S_1', \omega_2 \Delta S_2', \cdots, \omega_{M_E} \Delta S_{M_E}'\} \tag{6-5}$$

其中 $\omega = \{\omega_1, \omega_2, \cdots, \omega_{M_E}\}$ 是控制各个表情或动作的幅度的系数，默认取值1。式（6－5）就是我们建立的最终的表情或动作的参数表示模型，在该模型中包括两层参数，即全局参数 ω 和局部参数 μ，通过 ω、μ 的变化就可以产生不同的人脸表情变化。

获得上述表情参数表示模型后，可以针对任意人脸图像实现人脸的表情动画。首先，针对给定人脸图像使用形变模型进行三维人脸建模获得该人脸图像的三维真实感模型，记为 S_{model}，该模型是具有中性表情的人脸模型；然后，将上述的表情参数模型中表情向量与特定人脸的中性人脸进行相加得到该特定人脸的表情人脸 $\{S_{model} + \omega_j \Delta S_j'\}$ $(j = 1, \cdots, M_E)$，这是用于人脸动画的三维关键帧数据，而且可以通过表情参数模型的参数变化得到不同的关键帧数据；最后基于上述三维关键帧数据可以通过 Morphing 技术实现连续的三维人脸动画序列。

四 实验结果

实验采集了五个人的人脸表情和动作数据。通过上述方法建立具有七种表情和动作状态的人脸参数表示模型。对于特定人脸图像首先建立该人脸的三维模型，然后使用表情向量与该模型相加建立人脸动画的关键帧数据。这里建立了两种三维人脸关键帧数据，一种是特定人脸的重定向动画数据，即通过第 i 个样本人的表情向量 $V_i = \{\Delta S_{i1}', \Delta S_{i2}', \cdots, \Delta S_{iM_E}'\}$ 与模型人脸相加，实现从样本人脸动画向模型人脸的重定向；另一种是通过上面表情或动画参数模型产生的人脸动画关键帧数据，即通过调节式（6－5）的参数建立相应的表情或动作向量，然后与模型人脸相加建立动画关键帧数据。将这些关键帧数据进行编排，并使用点到点的 Morphing 技术产生连续的人脸动画序列。如图6－18是我们获得人脸动画序列的例子。

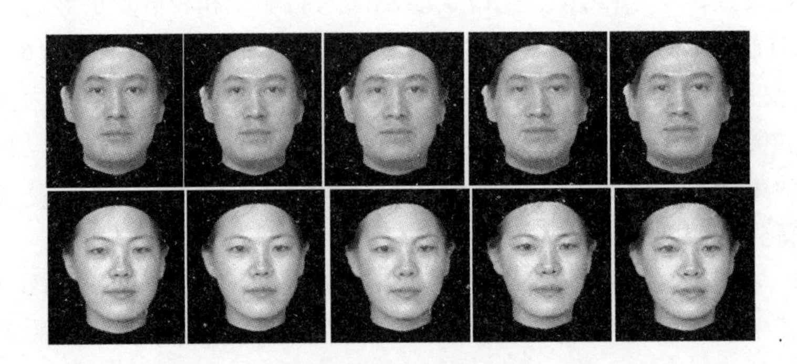

图6-18 三维人脸动画序列

上面实验表明，我们提出的人脸表情参数化方法对于高维稠密网格的三维人脸的动画是有效的，通过表情或动作的向量表示可以实现人脸的重定向，使用表情参数的调节也可以产生独立于样本的人脸表情和动作。此外，由于我们的三维人脸形变模型可以针对任意人的图像来进行建模，因此通过两者的结合就可以实现非特定人的真实感人脸动画。

参考文献

[1] Parke FI, Waters K., *Computer Facial Animation*, Wellesley, Massachusetts, 1996.

[2] Pighin F, Hecker J, Lischinski D, Szeliski R, Salesin D H., "Synthesizing realistic facial expressions from photographs", *Proceedings of SIGGRAPH*, 1998, pp. 75 - 84.

[3] Mehrabian A., "Communication without words", *Psychology Today*, 1968, pp. 53 - 56.

[4] Parke FI., "Parameterized models for facial animation", *IEEE Computer Graphics and Applications*, 1982, pp. 61 - 68

[5] Parke FI., "A model for human faces that allows speech synchronized animation", *Journal of Computers and Graphics*, 1975, pp. 1 - 4.

[6] Parke FI., "Parameterized models for facial animation". *IEEE Computer Graphics*, 1982, pp, 61 - 68.

[7] Parke FI., "Control Parameterization for facial animation", *Computer Animation*, Springer - Verlag, 1991, pp. 3 - 13.

[8] Parke FI, Waters K. "Computer Facial Animation", *AK Peters*, 1994.

[9] Pighin F, Auslander J, Lischinski D, et al., "Realistic facial animation using image based 3D morphing". *Technical Report TR* - 97 - 01 - 03, 1997.

[10] Pighin F, pp. "Modeling and animating realistic faces from images", Ph. D. dissertation, University of Washington, 1999.

[11] Lee WS, Escher M, Sannier G, Magnenat - Thalmann N., "MPEG - 4 Compatible Faces from Orthogonal Photos", *International Conference on Computer Animation*, 1999, pp. 186 - 194.

[12] Lee WS, Kalra P, Magnenat – Thalmann N. "Model Based Face Reconstruction for Animation", *Proceeding of Multimedia Modeling*, 1997, pp. 323 – 338.

[13] Lcc WS, Magnenat – ThalmannN. , "Fast Head Modeling for Animation". *Journal Image and Vision Computing*, 2000, pp. 355 – 364.

[14] Liu ZC, Shan Y, Zhang Z. Y. , "Expressive expression mapping with ratio images", *Proceedings of SIGGRAPH*01, 2001, pp. 71 – 276.

[15] Liu ZC, Zhang ZY, Jacobs C. , Cohen M. Rapid modeling of animated faces from video images", ACM Multimedia, 2000, pp. 475 – 476.

[16] Horace HS. , Yin LJ. , "Constructing a 3D Individualized Head Model from Two Orthogonal Views", *The Visual Computer*, 1996, pp. 254 – 266.

[17] Akimoto T, Suenaga Y, and Wallace RS, "Automatic Creation of 3D Facial Models". *IEEE Computer Graphics and Applications*, 1993, pp. 16 – 22.

[18] Horn B. , "Obtaining shape from shading information". *The Psychology of Computer Vision*. 1975.

[19] Horn B, Brooks M. , *Shape from Shading*. The MIT Press, 1989.

[20] CATTELAN M, HANCOCK ER. , "Acquiring height maps of faces from a single image", *Proceedings of the 2nd International Symposium on 3D Data Processing*, 2004, pp. 183 – 190

[21] CATTELAN M, HANCOCK ER. , " Acquiring height data from a single image of a face using local shape indicators", *Computer Vision and Image Understanding*, 2006, pp. 64 – 79.

[22] SMITH WAP, HANCOCKER. , "Recovering facial shape and albedo using a statistical model of surface normal direction", *IEEE International Conference on Computer vision*. 2005, pp. 588 – 595.

[23] Zhao W, Chellappa R. , "Symmetric shape – from – shading using self – ratio image, *International Journal of Computer Vision*, 2001, pp. 55 – 75.

[24] Prados E, Camilli F, and FaugerasO. , " A unifying and rigorous shape from shading method adapted to realistic data and applications", *J.*

Math. Imaging Visual, 2006, pp. 307 - 328.

[25] Prados E, Faugeras O., "Shape from shading, pp. a well - posed problem", *IEEE Conference on Computer Vision and Pattern Recognition*. 2005, pp. 870 - 877.

[26] Kemelmacher I, Basri R., "Molding face shapes by example", *European Conference on Computer Vision*, 2006, pp. 277 - 288.

[27] Dovgard R, Basri R., "Statistical symmetric shape from shading for 3d structure recovery of faces", *Proceedings of the European Conference on Computer Vision*, 2004, pp. 108 - 116.

[28] Jollife IT., "Principal Component Analysis", *Springer - Verlag*, 1986.

[29] Atick JJ, Grif? n P A, Redlich A N., "Statistical approach to shape from shading, pp. Reconstruction of 3d face surfaces from single 2d images", *Neural Computation*, 1996, pp. 1321 - 1340.

[30] Smith W A P, Hancock E R., "Recovering facial shape and albedo using a statistical model of surface normal direction", *IEEE International Conference on Computer Vision*, 2005, pp. 588 - 595.

[31] Blanz V, Vetter T., "A morphable model for the synthesis of 3D faces", *Proceedings of SIGGRAPH'* 99, 1999, pp. 187 - 194.

[32] Ullman S, Basri R., "Recognition by Linear Combinations of Models", *A. I. Memo*, 1989.

[33] Shashua A., "Projective structure from two uncalibratedimages, pp. Structure from motion and recognition". *A. I. Memo*, 1992.

[34] Choi CS., Okazakit T, Harashima H., "Takebe T. A system of analyzing and synthesizing facial images", *IEEE International Conference on Symposium of Circuit and Syatems*, 1991, pp. 2665 - 2668.

[35] Poggio T, Brunelli R., " A novel approach to graphics", *A. I. Memo 1354*, MIT, 1992

[36] Poggio T., Vetter T., "Recognition and Structure from one 2D Model View, pp. Observations on Prototypes ", *Object Classes and Symmetries*, 1992.

[37] Vetter T, Poggio T., " Linear objects classes and image synthesis from

a single example image", *A. I. Memo*, 1995.

[38] Jones MJ., "Poggio T. Model - based matching by linear combinations of prototypes", *A. I. Memo*, 1996.

[39] Vetter T, Blanz V., "Estimating coloured 3d face models from single images, pp. An example based approach", *European Conference on Computer Vision Freiburg*, 1998, pp. 499 - 513.

[40] 晏洁、高文、尹宝才:《具有真实感的三维虚拟特定人脸生成方法》,《计算机学报》1999 年第 2 期。

[41] 晏洁、高文:《基于一般人脸模型修改的特定人脸合成技术》,《计算机辅助设计与图形学》1999 年第 5 期。

[42] Gao W, Chen YQ, Wang R, Shan SG, Jiang D L, "Learning and Synthesizing MPEG - 4 Compatible 3 - D Face Animation from Video Sequence", *IEEE Transactions on Circuits and Systems for Video technology*. 2003, pp. 1119 - 1128.

[43] 陈益强、高文、王兆其、姜大龙:《基于机器学习的语音驱动人脸动画方法》,《软件学报》2003 年第 2 期。

[44] Shan SG., Gao W, Yan B, et al., "Individual 3Dface synthesis based on orthogonal photos and speech - driven facial animation", *International Conference on Image Processing*, 2000, pp. 238 - 241.

[45] 梅丽、鲍虎军:《基于实拍图像的人脸真实感重建》,《计算机学报》2000 第 9 期。

[46] 梅丽、鲍虎军、彭群生:《特定人脸的快速定制和肌肉驱动的表情动画》,《计算机辅助设计与图形学学报》2001 年第 12 期。

[47] 张青山、陈国良:《具有真实感的三维人脸动画》,《软件学报》2003 年第 3 期。

[48] 张翔宇、华蓓、陈意云:《人脸建模和动画的基本技术》,《计算机辅助设计与图形学学报》2001 年第 4 期。

[49] 王奎武、王询、董兰芳,陈意云:《一个 MPEG - 4 兼容的人脸动画系统》,《计算机研究与发展》2001 年第 5 期。

[50] Chen TB, Yin BC, Huang WJ, and Kong D H., "Animating Human Face under Arbitrary Illumination", *In Proceedings of Pacific Graphics* 01, 2001, pp. 314 - 321.

[51] 尹宝才、胡永利、程世铨、谷春亮：《基于形变模型的人脸建模及其应用综述》，《北京工业大学学报》2003 年第 3 期。

[52] 尹宝才、孙艳丰、王成章、盖赟：《BJUT－3D 三维人脸数据库及其处理技术》，《计算机研究与发展》2009 年第 6 期。

[53] 胡永利、尹宝才、程世铨、谷春亮、刘文韬：《创建中国人三维人脸库关键技术研究》，《计算机研究与发展》2005 年第 4 期。

[54] Hu Y L, Yin BC, Sun Y F, Cheng SQ., "3D Face Animation Based on Morphable Model", *Journal of Information and Computational Science*, 2005, pp. 35－40.

[55] Hu YL, Yin BC, Kong DH., "A new facial feature extraction method based on linear combination model", *Proceedings IEEE/WIC International Conference on Web Intelligence*, 2003, pp. 520－523.

[56] Hu YL, Yin BC, Cheng SQ, Gu C. L., "A 3D facial combination model based on mesh resampling", *International Conference on Signal Processing Proceedings*, 2004, pp. 1231－1234.

[57] Hu YL, Yin BC, Sun Y F., "Multi－lighting 3D face morphable model based on mesh resampling", 2005 *IEEE International Conference on Acoustics, Speech, and Signal Processing*, 2005, pp. 1121－1124.

[58] Hu YL, Yin BC, Cheng SQ, Gu CL., "An Improved Morphable Model For 3D Face Synthesis", *The Third International Conference on Machine Learning and Cybernetics*, 2004, pp. 26－29.

[59] Wang CZ, Yin BC, Shi Q, Sun YF., "3D Face Correspondence Basedon Uniform Mesh Resampling Combinedwith Mesh Simplification", *Journal of Computational Information Systems*, 2005, pp. 343－350.

[60] Yin B C, Wang CZ, Shi Q, Sun YF., "MPEG－4 Compatible 3D Facial Animation BasedonMorphable Model", *Proceedings of the Fourth International Conference on Machine Learning and Cybernetics*, 2005, pp. 4936－4941.

[61] Wang CZ, Yin BC, Shi Q, Sun YF., "An improved 3D face synthesis based on morphable model", *International Conference on Artificial Intelligence Applications and Innovations*, 2005, pp. 183－187.

[62] Wang CZ, Yin BC, BaiXM, Sun Y F., "Improved Genetic Algo-

rithm Based Model Matching Method for 3D Face Synthesis", *International Symposium on Computing and Its Application in Information Science*, 2005, pp. 381 -384.

[63] Yin BC, Wang CZ, Shi Q, Sun YF, "Morphable Model Based Facial Animation", *International Symposium on Computing and Its Application in Information Science*, 2005, pp. 291 -295.

[64] 王成章、石勤、孙艳丰、尹宝才:《三维人脸纹理改善及其在模型匹配中的应用》,《北京工业大学学报》2006 年第 3 期。

[65] 王成章、尹宝才、石勤、孙艳丰:《基于形变模型的真实感三维人脸动画研究》,《计算机工程与应用》2001 年第 6 期。

[66] 王成章、尹宝才、孙艳丰、胡永利:《一种改进的基于形变模型的三维人脸建模方法》,《自动化学报》2007 年第 3 期。

[67] Gu CL, Yin BC, Hu YL, Cheng SQ. , "Resampling based method for pixel - wise correspondence between 3D faces", *International Conference on Information Technology, Coding and Computing*, 2004, pp. 614 -619.

[68] Wu SN, Yin BC, Cai T. , "The synthesis of realistic human face", *International Conference on Advances in Multimodal Interfaces - ICMI*, 2000, pp, pp. 199 -206.

[69] 邹北骥、彭永进、伍立华、彭群生:《基于面分块的人脸造型技术研究》,《电子学报》2001 年第 11 期。

[70] 邹北骥、彭永进、伍立华、彭群生:《基于物理模型的人脸表情动画技术研究》,《计算机学报》2002 年第 3 期。

[71] 杜平、徐大为、刘重庆:《特定人的三维人脸模型生成与应用》,《上海交通大学学报》2003 年第 3 期。

[72] BEUMIER C, ACHEROY M. , "Automatic 3D face authentication [J", Image and Vision Computing", 2000, pp. 315 -321.

[73] Messer K, Matas J, Kittler J, Luettin J, maitre G. , "Xm2vtsdb, pp. The extended m2vts database", *In Second International Conference of Audio and Video - based Biometric Person Authentication*, 1999, pp. 72 -77.

[74] Moreno AB, Sanchez A, "Gavab DB. A 3D Face Database", Proc. of the 2nd COST275 Workshop on Biometrics on the Internet, Vigo (Spain), 2004.

[75] Savran A, Alyüz N, Dibeklioğlu H, Çeliktutan O, Gökberk B, Sankur B, "Akarun L, Bosphorus Database for 3D Face Analysis", *The First COST* 2101 *Workshop on Biometrics and Identity Management*, 2008, pp. 1 - 11.

[76] http, pp. //www - users. cs. york. ac. uk/ ~ nep/research/ 3Dface/, 2006.

[77] Phillips J, Flynn P, Scruggs T, Bowyer K, Chang J, Hoffman K, Marques J, Min J, Worek W., "Overview of the face recognition grand challenge", *Proceedings of IEEE Conference of Computer Vision and Pattern Recognition*, 2005, pp. 947 - 954.

[78] BESLP J, MCKAY ND., "A method for registration of 3 - D shapes", *IEEE Transactions on Pattern Analysis and Machine Intelligence*, 1992, pp. 239 - 256.

[79] RUSINKIEWICZ S, LEVOY M., "Efficient variant of the ICP algorithm", *In Proceedings of the Third International Conference on 3 - D Digital Imaging and Modeling*, 2001, pp. 145 - 152.

[80] SALVI J, MATABOSCH C, FOFI D, et al., "A review of recent range image registration methods with accuracy evaluation", Image and Vision Computing, 2007, 25 (5), pp. 578 - 596.

[81] Rusinkiewicz S, Levoy M., "Efficient Variants of the ICP Algorithm", *In Proceedings of the International Conference on 3D Digital Imaging and Modeling*, 2001, pp. 145 - 152.

[82] CHEN Y, MEDIONI G, "Object modeling by registration of multiple range images", *Image and Vision Computing*, 1992, pp. 145 - 155.

[83] DuchonJ, "Splines minimizing rotation invariant seminorms in sobolev spaces", *constructive theory of functions of several variables*, 1976, pp. 85 - 91.

[84] Levoy M, Pulli K, Curless B, et al., "The Digital Michelangelo Project: 3D Scanning of Large Statues", *Proceedings of SIGGRAPH'* 00, 2000, pp. 131 - 144.

[85] Krishnamurthy V, Levoy M., "Fitting smooth surfaces to dense polygon meshes", *Proceedings of SIGGRAPH'* 96, 1996, pp. 313 - 324.

[86] Taubin G. , "Dual mesh resampling", *Ninth Pacific Conference on Computer Graphics and Applications*, 2001, pp. 180 - 188.

[87] Holland JH. , " Adaptation in Natural and Artificial Systems", *MIT Press*, 1975.

[88] 周明、孙树栋:《遗传算法原理及应用》,国防工业出版社 2000 年版本。

[89] David B, Fogel. , "An Introduction to Simulated Evolutionary Optimization", *IEEE Transactions on Neural Networks*, 1994, pp. 3 - 14.

[90] Murata, Tadahiko, Ishibuchi, Hisao, Tanaka, Hideo. , "Genetic algorithms for flow shop scheduling problems", *Computers & Industrial Engineering*, 1996, pp. 1061 - 1071.

[91] Renner G, Ekárt A. , "Genetic algorithms in computer aided design", *Computer - Aided Design*, 2003, pp. 709 - 726.

[92] Smith, Greg C, Smith, Shana SF. , "An enhanced genetic algorithm for automated assembly planning", *Robotics and Computer - Integrated Manufacturing*, 2002, pp. 355 - 364.

[93] Torre F, Gross R, Baker S, Kumar V. , "Representational oriented component analysis (ROCA) for face recognition with one sample image per training class", *Proceedings of IEEE Computer Society Conference on Computer Vision and Pattern Recognition*, 2005, pp. 266 - 273.

[94] Chen J, Chen XL, Gao W. , "Expand training set for face detection by GA resampling", *Proceedings of Automatic Face and Gesture Recognition*, 2004, pp. 73 - 79.

[95] Umar M, Simon J, Jan K. , "Visualization generating novel facial images", *Proceedings of SIGGRAPH' 09*, 2009, pp. 28 - 31.

Efros AA, Freeman W. , "Image Quilting for Texture Synthesis and Transfer", *Proceedings of the ACM SIGGRAPH Conference on Computer Graphics*, 2001, pp. 341 - 346.

[97] Lipman Y, Sorkine O, Cohen - Or D, Levin D, Rossi C, Seidel HP, "Differential coordinates for interactive mesh editing", *Proceedings of Shape Modeling International*, 2004, pp. 181 - 190.

[98] Yizhou Y, Kun Z, Dong X, Xiaohan S, Hujun B, Baining G,

Heung – Yeung S. , "Mesh editing with Poisson – based gradient field manipulation", *ACM Transactions on Graphics*, 2004, pp. 644 –651.

[99] FATTAL R, LISCHINSKI D, WERMAN M. , "Gradient domain high dynamic range compression", *ACM Transactions on Graphics*, 2001, pp. 249 - 256.

[100] P′ EREZ P, GANGNET M, AND BLAKE, A. , "Poisson image editing", *ACM Transactions on Graphics*, 2003, pp. 313 - 318.

[101] LEVIN A, ZOMET A, PELEG S, WEISS Y. , "Seamless image stitching in the gradient domain", *Europeon Conference on Computer Vision*, 2004, pp. 377 - 389.

[102] AGARWALA A, DONTCHEVA M, AGRAWALA M, DRUCKER S, COLBURN A. CURLESS B. , SALESIN D. , COHEN M. , "Interactive digital photomontage", *ACM Transactions on Graphics* 2004, 23 (3), pp. 294 - 302.

[103] MCCANN J, POLLARDNS. , "Real – time gradient domain painting", *ACM Transactions on Graphics*, 2008, 27, 3.

[104] Hotelling H, "Relations between two sets of variants", *Biometrika*, 1936, pp. 321 - 377.

[105] Viola P, Wells WM. ; "Alignment by Maximization of Mutual Information", *International Journal of Computer Vision*, 1997, pp. 137 –154.

[106] Fletcher R. , "Practical Methods of Optimization", *Unconstrained Optimization*, J, 1980.

[107] Kennedy J, Eberthart R, "Particle swarm optimization", *Proceedings of IEEE Conference on Neural Networks*, 1995, 4, pp. 1942 - 1948.

[108] Eberhart R, Kennedy J. , "A new optimizer using particle swarm theory", *Proceedings of International Conference Symposium on Micro Machine and Human Science*. 1995, pp. 39 –43.

[109] Shi Y, Eberhart RC. , "A modified particle swarm optimizer", *Proceedings of IEEE International Conference on Evolutionary Computation*, 1998, pp. 69 –73.

[110] Shi Y, Eberhart RC. , "Empirical study of particle swarm optimization", *Proceedings of the World Multi conference on Systematic*, 2000, pp.

1945 - 1950.

[111] J. S. Bruce, R. Tagiuri. , "The perception of people", *Handbook of socialpsychology*, 1954, pp. 634 - 654.

[112] W. W. Bledsoe. , "The model method in facial recognition", *Panoramic Research Inc. Technical Report*, 1964, pp. 15 - 20.

[113] H. Chan, W. W. Bledsoe. , "A man - machine facial recognition system: somepreliminary results", *Panoramic Research Inc. Technical Report*, 1965, pp. 304 - 316.

[114] M. D. Kelly. , "Visual identification of people by computer", *Doctoral dissertation, Stanford Univ. Calif, Dept. of Computer Science*, 1970, pp. 65 - 73.

[115] T. Kanade. , "Pictureprocessingbycomputercomplexandrecognitionofhumanfaces. *Doctoral dissertation, KyotoUniversity, Dept. ofInformationScience*, 1973, pp. 95 - 110.

[116] I. Biederman, P. Kalocsai. , "Neural and psychophysical analysis of object and face recognition", *Springer - Verlag*, 1998, pp. 3 - 25.

[117] W. Zhao, R. Chellappa, P. J. Phillips, A. Rosenfeld. , "Face Recognition: ALiterature Survey", *ACM Computing Surveys*. 2003, pp. 399 - 459.

[118] A. K. Jain, A. Ross, S. Prabhakar. , "An introduction to biometric recognition", *IEEE Transactions on Circuits and Systems for Video Technology*, 2004, pp. 4 - 20.

[119] A. Samal, P. A. Iyengar. , "Automatic recognition and analysis of human faces andfacial expressions: asurvey", *Pattern Recognition*, 1992, pp. 65 - 77.

[120] R. Chellappa, C. L. Wilson, S. Sirohey. , "Human and machine recognition offaces: A survey", *Proceedings of the IEEE*. 1995, pp. 705 - 741.

[121] M. A. Grudin. , "On internal representations in face recognition systems", *PatternRecognition*. 2000, pp. 1161 - 1177.

[122] S. G. Kong, J. Heo, B. R. Abidi. , "Recent advances in visual and infraredface recognition - a review", *Computer Vision and Image Under-*

standing, 2005, pp. 103 - 135.

[123] G. Medioni, R. Waupotitsch., "Face modeling and recognitionin 3 - D", *Proceedings of IEEE Workshop on Analysis and Modeling of Faces and Gestures*, 2003, pp. 232 - 233.

[124] A. Scheenstra, A. Ruifrok, R. C. Veltkamp., "A survey of 3D face recognition methods", *Proceedings of International Conference on Audio - and Video - Based Biometric Person Authentication*, 2005, pp. 891 - 899.

[125] K. Bowyer, K. Chang, P. Flynn., "A survey of approaches and challenges in 3d and multi - modal 3d + 2d face recognition", *Computer Vision and Image Understanding*, 2006, pp. 1 - 15.

[126] T. Nagamine, T. Uemura, I. Masuda., "3D facial image analysis for human identification", *Proceedings of International Conference on PatternRecognition*, 1992, pp. 324 - 327.

[127] C. Samir, A. Srivastava, M. Daoudi., "Three - dimensional face recognition using shapes official curves", *IEEE Transactionson Pattern Analysisand Machine Intelligence*. 2006, pp. 1858 - 1863.

[128] G. Pan, Y. Wu, Z. Wu, W. Liu., "3D face recognition by profileand surface matching", *Proceedings of IEEE International Joint Conference on Neural Network*, 2003, pp. 2169 - 2174.

[129] C. Beumier, M. Acheroy., "Automatic 3D face authentication", *Image Vision Computing*, 2000, pp. 315 - 321.

[130] Y. Lee, H. Song, U. Yang, H. Shin, K. Sohn., "Local feature based 3D face recognition", *Lecture Notes in Computer Science*, 2005, pp. 909 - 918.

[131] C. Chua, F. Han, Y. Ho., "3D human face recognition using point signature", *Proceedings of International Conference on Automatic Face and Gesture Recognition*, 2000, pp. 233 - 238.

[132] Z. Wu, Y. Wang, G. Pan., "3D face recognition using local shape map", *Proceedings of International Conference on Image Processing*, 2004, pp. 2003 - 2006.

[133] H. T. Tanaka, M. Ikeda, H. Chiaki., "Curvature - based face

surface recognition using spherical correlation - principal directionsfor curved object recognition", *Proceedings of International Conference on Automatic Face and Gesture Recognition*, 1998, pp. 372 - 377.

[134] G. G. Gordon. , "Face recognition based on depth and curvature features", *Proceedings of IEEE International Conference on Computer Vision and Pattern Recognition*, 1992, pp. 808 - 810.

[135] A. B. Moreno, A. Sanchez, J. F. Velez, F. J. Diaz. , "Face recognition using 3D surface - extracted descriptors", *Proceedings of Irish Conference on Machine Vision and Image Processing*, 2003, pp. 891 - 899.

[136] S. Gupta, J. K. Aggatwal, M. K. Markey, A. C. Bovik. , "3D face recognition founded on the structural diversity of humanfaces", *Proceedings of IEEE International Conference on Computer Vision and Pattern Recognition*, 2007, pp. 1 - 7.

[137] C. Xu, T. Tan, S. Li, Y. Wang, C. Zhong. , "Learning effective intrinsic features to boost 3D - based face recognition", *Proceedings of European Conference on Computer Vision*, 2006, pp. 416 - 427.

[138] C. Zhong, Z. Sun, T. Tan. , "Robust 3D face recognition using learned visual codebook", *Proceedings of IEEE International Conference on Computer Vision and Pattern Recognition*, 2007, pp. 1 - 6.

[139] Y. Wang, J. Liu, X. Tang. , "Robust 3D face recognition by local shape difference boosting", *IEEE Transactionson Pattern Analysis and Machine Intelligence*. 2010, pp. 1858 - 1870.

[140] B. Achermann, X. Jiang, H. Bunke. , "Face recognition using range images", *Proceedings of International Conference on Virtual Systems and Multi - Media*, 1997, pp. 129 - 136.

[141] C. Hesher, A. Srivastava, G. Erlebacher. , "A novel techniquefor face recognition using range imaging", *Proceedings of International Symposium on Signal Processing and Its Applications*, 2003, pp. 201 - 204.

[142] A. M. Bronstein, M. M. Bronstein, R. Kimmel. , "Expression - invariant 3D face recognition", *Proceedings of International Conference on Audio - and Video - Based Biometric Person Authentication*, 2003,

pp. 62 -70.

[143] X. Lu, A. K. Jain, D. Colbry. , "Matching 2. 5D face scans to 3D models", *IEEE Transactionson Pattern Analysisand Machine Intelligence.* , pp. 31 -43.

[144] X. Lu, A. K. Jain. , "Deformation modeling for robust 3D face matching", *Proceedings of IEEE International Conference on Computer Vision and Pattern Recognition*, 2006, pp. 1377 -1383.

[145] Y. Wang, G. Pan, Z. Wu, Y. Wang. , "Exploring facial expression effects in 3D face recognition using partial ICP", *Proceedings of Asian Conference on Computer Vision*, 2006, pp. 581 -590.

[146] K. Chang, K. W. Bowyer, P. Flynn. , "Effects on facial expression in 3D face recognition", *Proceedings of SPIE Conference on Biometric Technology for Human Identification*, 2005, pp. 132 -143.

[147] T. Maurer, D. Guigonis, I. Maslov, B. Pesenti, A. Tsaregorodtsev, D. West, G. Medioni. , "Performance of geometrixactiveID - 3D face recognition engine on the FRGC data", *Proceedings of IEEE Workshop on Computer Vision and Pattern Recognition* , San Diego, USA, 2005, pp. 154 -160.

[148] P. J. Besl, N. D. McKay. , "A method for registration of 3D shapes ", *IEEE TransactionsonPatternAnalysisandMachineIntelligence*, 1992, pp. 239 -256.

[149] Y. Chen, G. Medioni. , "Object modeling by registration of multiple range images", *Image and Vision Computing.* 1992, pp. 145 -155

[150] Z. Zhang. , "Iterative point matching for registration of free - form curves and surfaces", *International Journal of Computer Vision*, 1994, pp. 119 -152.

[151] B. Achermann, H. Bunke. , "Classifying range images of human faces with hausdorffdistance", *Proceedings of IEEE International Conference on Pattern Recognition*, 2000, pp. 809 -813.

[152] Y. Lee, J. Shim. , "Curvature - based human face recognition using depth - weighted hausdorffdistance", *Proceedings of International Conference on Image Processing*, 2004, pp. 1429 -1432.

[153] T. D. Russ, M. W. Koch, C. Q. Little. , "A 2D range hausdorff approach for 3D face recognition", *Proceedings of IEEE Workshop on Computer Vision and Pattern Recognition*, 2005, pp. 169 - 176.

[154] K. Chang, K. Bowyer, P. Flynn. , "Face recognition using 2D and3D facial data", *Proceedings of ACM Workshop on Multimodal User Authentication*, 2003, pp. 25 - 32.

[155] K. Chang, K. Bowyer, P. Flynn. , "An evaluation of multi - modal2D + 3D face biometrics", *IEEE Transactionson Pattern Analysis and Machine Intelligence*. 2005, pp. 619 - 624.

[156] A. Bronstein, M. Bronstein, R. Kimmel. , "Expression - invariant 3Dface recognition", *Lecture Notes in Computer Science*, 2003, pp. 62 - 69.

[157] F. Tsalakanidou, D. Tzovaras, M. G. Strintzis. , "Use of depth andcoloureigenfaces for face recognition", *Pattern Recognition Letter*. 2003, pp. 1427 - 1435.

[158] T. Papatheodorou, D. Rueckert. , "Evaluation of automatic 4D facerecognition using surface and texture registration", *Proceedings of IEEEInternational Conference on Automatic Face and Gesture Recognition*, 2004, pp. 321 - 326.

[159] A. S. Mian, M. Bennamoun, R. Owens. , "An efficient multimodal2d - 3d hybrid approachto automatic face recognition", *IEEE Transactionson Pattern Analysis and Machine Intelligence*, 2007, pp. 1927 - 1943.

[160] L. Wang, L. Ding, X. Ding, C. Fang. , "2D face fitting - assisted 3D face reconstruction for pose - robust face recognition. Soft computing", 2010, pp. 417 - 428.

[161] X. Lu, R. Hsu, A. Jain, B. Kamgar - Parsi, B. Kamgar - Parsi. , "Facerecognition with 3D model - based synthesis", *Proceedings of International Conference on Biometric Authentication*, China, 2004, pp. 139 - 146.

[162] X. Lu, D. Colbry, A. Jain. , "Three - dimensional model based facerecognition", *Proceedings of IEEE International Conference on Pattern*

Recognition, 2004, pp. 362 - 366.

[163] C. L. Gu, B. C. Yin, Y. L. Hu, S. Q. Cheng., "Resampling based method for pixel - wise correspondence between 3D faces", *Proceedings of International Conference on Information Technology: Coding and Computing*, 2004, pp. 614 - 619.

[164] M. D. Kazarinoff., "Geometricinequalities", *newmath. Library*, 1961, pp. 98 - 115.

[165] A. Jain, K. Nandakumar, A. Ross., "Score normalization in multimodal biometric systems", *Pattern Recognition*, 2005, pp. 2270 - 2285.

[166] T. Ahonen, A. Hadid, M. Pietikainen., "Face recognition with local binary patterns", *Proceedings of European Conference on Computer Vision*, 2004, pp. 469 - 481.

[167] X. Feng, M. Pietikainen, A. Hadid., "Facialexpression recognition with local binary patterns andlinear programming", *Pattern Recognition and Image Analysis*. 2005, pp. 546 - 548.

[168] G. Heusch, Y. Rodriguez, S. Marcel., "Local binary patterns as an image preprocessing for face authentication", *Proceedings of Automatic Faceand Gesture Recognition*, *Southampton*, 2006, pp. 9 - 14.

[169] T. Ahonen, A. Hadid, M. Pietikainen., "Face description with local binary patterns: application to face recognition", *IEEE Transactionson Pattern Analysis and Machine Intelligence*, 2006, pp. 2037 - 2041.

[170] X. Tan, B. Triggs., "Fusing Gabor and lbp feature sets for kernel - based face recognition", *Proceedings of the 3rd International Workshop on Analysis and Modeling of Faces and Gestures*, 2007, pp. 235 - 249.

[171] G. Zhao, M. Pietikainen., "Dynamic texture recognition using localbinary patterns with an application to facial expressions", *IEEE Transactionson Pattern Analysis and Machine Intelligence*, 2007, pp. 915 - 928.

[172] H. M. Vazquez, E. G. Reyes, Y. C. Molleda., "A new image division for lbp method to improve face recognition under varying lighting conditions", *Proceedings of the 19th International Conference on Pattern Recognition*, 2008, pp. 1 - 4.

[173] C. Shan, S. Gong, P. W. McOwan., "Facial expression recognition based on local binary patterns: acomprehensivestudy", *Imageand Vision Computing.*, 2009, pp. 803 - 816.

[174] T. Ojala, M. Pietikainen, D. Harwood., "A comparativestudy of texture measures with classification basedon feature distributions", *Pattern Recognition*, 1996, pp. 51 - 59.

[175] M. Turk, A. Pentland., "Eigen faces for recognition", *Journal of Cognitive Neuroscience*, 1991, pp. 71 - 86.

[176] P. N. Belhumeur, J. P. Hespanha, D. J. Kriegman., "Eigen facesvs. Fisher faces: recognition using class specific linear projection", *IEEE Transactions on Pattern Analysisand Machine Intelligence*, 1997, pp. 711 - 720.

[177] K. Etemad, R. Chellappa., "Discriminant analysis for recognition of human face images", *Journal of the Optical Society of America.* 1997, pp. 1724 - 1733.

[178] C. Xu, T. Tan, Y. Wang, L. Quan., "Combining local features for robust nose location in 3d facial data", *Pattern Recognition Letters.* 2006, pp. 1487 - 1494.

[179] P. J. Phillips, P. Flynn, T. Scruggs., "Overview of the face recognition grand challenge", *Proceedings of IEEE Conference on Computer Vision and Pattern Recognition*, 2005, pp. 947 - 954.

[180] K. I. Chang, K. W. Bowyer, P. J. Flynn., "Adaptive rigid multi - region selection for hand ling expression variation in 3d face recognition", *IEEE Workshop on Computer Vision and Pattern Recognition*, 2005, pp. 157 - 164.

[181] M. H. Mahoor, M. Abdel - Mottaleb., "Face recognition based on 3d ridge images obtained from range data", *Pattern Recognition*, 2009, pp. 445 - 451.

[182] X. Li, T. Jia, H. Zhang., "Expression - insensitive 3d face recognition using sparse representation", *Proceedings of Computer Vision and Pattern Recognition*, 2009, pp. 2575 - 2582.

[183] E. Candes, J. Romberg, T. Tao., "Robust uncertain typrinciples:

exact signal reconstruction from highly incomplete frequency information", *IEEE Transactionson Information Theory*. 2006, pp. 489 – 509.

[184] D. Donoho., "Compressedsensing", *IEEE Transactionson Information Theory*. 2006, pp. 1289 – 1306.

后　　记

此书在中国青年政治学院的大力支持下才有机会得以出版。三维人脸建模方法研究是我在读博士期间的研究课题，从教以后在学校的大力支持下对人脸研究工作加以总结，最终完稿成书。

衷心感谢在博士学习期间给我帮助和支持的老师、同学和家人，没有你们的支持，我是很难一个人完成这一艰难的学习任务的。我首先要感谢尹宝才老师，是他将我领入了模式识别的大门，并对我的课题提出了很多宝贵的意见，使我的研究工作有了目标和方向。在这几年的时间里，尹老师对我的悉心指导和教育使我能够不断地学习和提高，而且所取得的成绩也成了本书的主要素材。同时，尹老师渊博的学识、严谨的治学态度也令我十分敬佩，是我以后学习和工作的榜样。在此，谨向尹老师表示崇高的敬意和衷心的感谢！

感谢孙艳丰老师在学习期间对我的指导、关心和鼓励。正是在孙老师不懈的支持下，我才得以顺利完成博士期间的学习、工作和博士论文的撰写工作。我的每一点成绩都是在孙老师的指导下取得的，在与孙老师的交流和探讨过程中学到的知识和科研习惯使我获益匪浅。

感谢我的家人和朋友对我的支持、关心和理解！你们的温情帮助我度过了攻读博士学位研究生过程中最艰苦的时光，让我更加勇于面对困难、战胜困难。在我最为彷徨和迷惑的时候给我带来前行的力量。

随着三维人脸建模方法研究的精进，基于二维信息的建模方法研究已经很少有改进了。在三维采集设备日益精进的今天，基于深度信息的三维人脸建模方法可以作为一个新的突破方向。希望有关三维人脸的研究能够不断前行下去。